DEUTSCHE AKADEMIE DER WISSENSCHAFTEN ZU BERLIN

Veröffentlichungen des Geodätischen Instituts in Potsdam

Nr. 7

DAS ABGEKÜRZTE EGGERT'SCHE VERFAHREN ZUM AUSGLEICHEN GROSSER GEODÄTISCHER SYSTEME NACH DER METHODE DER KLEINSTEN QUADRATE

VON

KURT ARNOLD

1955

AKADEMIE-VERLAG · BERLIN

Erschienen im Akademie-Verlag GmbH., Berlin W 8, Mohrenstraße 39
Lizenz-Nr. 202 · 100/357/54
Druck: Druckhaus „Maxim Gorki", Altenburg
Bestell- und Verlagsnummer 2016/7
Preis: 11,50 DM
Printed in Germany

Vorwort

Die große Bedeutung des Eggertschen Verfahrens für die Ausgleichungsrechnung ist unbestritten. Seine bisher größte Anwendung fand es wohl bei der Ausgleichung des Zentraleuropäischen Dreiecksnetzes durch das frühere Institut für Erdmessung in Bamberg.

Wenn in der vorliegenden Arbeit zunächst die strenge Gültigkeit des Eggertschen Verfahrens bewiesen wird, so wird damit einem seit langem andauernden Streit ein Ende gesetzt.

Es ist mir ferner gelungen, das Eggertsche Verfahren wesentlich zu vereinfachen. Man braucht nicht die Systeme von Gewichtskoeffizienten der Teilsysteme nach CHOLESKY zu reduzieren, die Differentiale der „Eggertschen Funktionen" nach fingierten Verbesserungen zu entwickeln und mit diesen fingierten Verbesserungen die Bedingungsgleichungen der Hauptausgleichung aufstellen, um schließlich aus diesen Bedingungsgleichungen die Koeffizienten der Normalgleichungen der Hauptausgleichung zu erhalten.

Zur Ermittlung der Matrix der Normalgleichungskoeffizienten der Hauptausgleichung geht man direkt von den Matrizen der Gewichtskoeffizienten der Teilsysteme aus. Die Matrix der Normalgleichungskoeffizienten der Hauptausgleichung ergibt sich durch Matrizenaddition aus den Matrizen der Gewichtskoeffizienten der Teilsysteme, wenn nur die „Eggertschen Funktionen" entsprechend aufgestellt werden. Dieses Verfahren ist sehr einfach, weil die Matrizenaddition bekanntlich nur in einer Addition bestimmter Zahlen besteht.

Bei den mathematischen Ableitungen habe ich fast nur von den Gaußschen Symbolen der Ausgleichungsrechnung Gebrauch gemacht. Ich bin der Ansicht, daß die Formelentwicklung sich einfacher und kürzer gestaltet hätte, wenn ich von dem Matrizenkalkül oder von dem von Herrn Dr. REICHENEDER in die Ausgleichungsrechnung eingeführten Indizes-Kalkül Gebrauch gemacht hätte. Ich bin trotzdem bei den Gaußschen Symbolen geblieben, weil der Matrizenkalkül und der Indizes-Kalkül wohl noch nicht die zu wünschende allgemeine Verbreitung gefunden haben.

Die Schwäche des Eggertschen Verfahrens liegt in dem Anwachsen der Identitätsbedingungen, wenn die Teilsysteme mehrere Seiten gemeinsam haben. Diese Schwäche hat sowohl das eigentliche als auch das abgekürzte Eggertsche Verfahren. Alle strengen Verfahren zum Zusammenschluß von abhängigen Teilsystemen — auch das Boltzsche Substitutionsverfahren — verursachen natürlicherweise mehr Rechenaufwand, je größer die Anzahl der gemeinsamen Beobachtungen der Teilsysteme ist. So scheint mir das abgekürzte Eggertsche Verfahren sowohl beim Zusammenschluß von Dreiecksketten als auch von Dreiecksnetzen vorteilhaft zu sein. Es ist oben grundsätzlich einfacher, mehrere Teilsysteme von mittlerer Größe auszugleichen als ein sehr großes, wenn auch die Summe der Bedingungsgleichungen sämtlicher mittlerer Teilsysteme größer ist als die Anzahl der Bedingungsgleichungen des einen sehr großen Systems. Das abgekürzte Eggertsche Verfahren zeichnet sich dadurch aus, daß alle Rechnungen nach dem elementaren Schema der Ausgleichung bedingter Beobachtungen durchgeführt werden können. Für die Reduktion der Normalgleichungen empfiehlt sich der „modernisierte" Gaußsche Algorithmus. Ausreichende Kontrollen in Form von Summenproben sind immer gewährleistet.

Wenn ich am Schluß der vorliegenden Arbeit zwei Beispiele angegeben habe, so geschah dies lediglich, um den Rechengang beim abgekürzten Eggertschen Verfahren zu veranschaulichen. Das erste Beispiel rechnet man natürlich besser nach den elementaren Methoden der Ausgleichungsrechnung. Es mag ferner dahingestellt bleiben, ob man das zweite Beispiel nach dem abgekürzten Eggertschen Verfahren besser bei einer anderen Unterteilung in Teilsysteme, etwa in zwei Teilsysteme, ausgeglichen hätte. Mir lag vor allem daran, das abgekürzte Eggertsche Verfahren bei drei Teilsystemen zu erläutern.

Für ihre Hilfe bei der Durchführung der numerischen Berechnungen und bei der Fertigung des Manuskriptes danke ich dem wissenschaftlichen Assistenten Herrn Dipl.-Ing. SCHOEPS, den wissenschaftlichen Rechnerinnen Frl. FRIEDRICH, GEPPERT, MAHLER und STOBBE und dem wissenschaftlichen Rechner Herrn HERRMANN.

Potsdam, im Januar 1954. KURT ARNOLD

Inhaltsübersicht

I. Teil: Einleitung

Auf der Tagung der Baltischen Geodätischen Kommission im Juli 1936 berichtete O. EGGERT erstmalig über „Die Ausgleichung großer Dreiecksnetze“ nach dem von ihm geschaffenen Verfahren [1]. Die Ausführungen waren etwas kurz gehalten. Es wurde das Verfahren nur bei der Spezialisierung auf besonders einfache Verhältnisse erläutert, indem die herangezogenen Teilsysteme aus voneinander unabhängigen Dreiecksketten bestanden. EGGERT gab keinen verbindlichen Beweis für die völlige mathematische Strenge der Methode. So wurde schon in der Diskussion, die sich diesem Vortrage anschloß, die Frage nach der mathematischen Strenge dieses Verfahrens gestellt. Hierauf erwiderte EGGERT: „... mathematisch ist es eine vollständig strenge Lösung ...“ Von keiner Seite wurde später ein überzeugender Beweis für die allgemeine und strenge Gültigkeit publiziert, im Gegenteil, diese wurde angezweifelt.

Auch im „Bulletin géodésique“ [2] veröffentlichte EGGERT sein neues Verfahren. Neu in dieser Veröffentlichung ist es, daß hier EGGERT auf den Fall eingeht, daß zwei benachbarte Ketten in einem einzigen Messungsvorgang beobachtet worden sind. Dann treten die beiden Richtungsbeobachtungen der gemeinsamen Dreiecksseite in beiden Ketten auf, und die beiden benachbarten Ketten sind folglich nicht mehr unabhängig voneinander. EGGERT gibt an, daß in diesem Falle die Verbesserungen der gemeinsamen Richtungen mit dem halben Gewicht in die Ausgleichung einzuführen sind. Außerdem müssen nach EGGERT für diese beiden, zwei Ketten gemeinsamen Beobachtungen in jeder Kette zwei neue Funktionen, z. B. t und u bzw. t' und u' aufgestellt werden, und den Bedingungsgleichungen des ganzen Netzes sind zusätzlich noch die Zwangsbedingungen

$$t - t' = 0$$

und

$$u - u' = 0$$

beizufügen.

Die Richtigkeit dieser Erweiterung seines Verfahrens wurde von EGGERT an keiner Stelle bewiesen. W. JENNE behandelte später die Frage der strengen Gültigkeit des Eggertschen Verfahrens [4], S. 56. Indes haben diese Erörterungen von JENNE nur den Wert einer Plausibilitätserklärung, nicht aber den eines allgemeinen und lückenlosen Beweises, wie er im II. Teil der vorliegenden Arbeit erbracht wird. Dieser vom Verfasser geführte Beweis hat ferner die bemerkenswerte Eigenschaft, daß die Diskussion einer bei dem Beweis anfallenden Formel es ergibt, daß sich das Eggertsche Verfahren in erheblichem Maße vereinfachen läßt.

Weil die Richtigkeit des Eggertschen Verfahrens bisher nicht in allgemeiner Form bewiesen war, wurden Bedenken gegen diese Methode vorgebracht. ASPLUND behauptete [3], S. 18, dieser Eggertsche Vorschlag zur Behandlung gemeinsamer Richtungen stelle nur eine Approximation dar und eine strenge Ausgleichung werde dadurch nicht erreicht.

H. WOLF verallgemeinert [5], S. 110, den Eggertschen Vorschlag zur Behandlung von Beobachtungen, die in mehr als einem Teilnetz vorkommen. Er setzt fest, daß eine Richtung, die in n-Teilnetzen in Erscheinung tritt, in die Ausgleichung mit dem Gewicht $\frac{1}{n}$ einzuführen ist. Ein verbindlicher Beweis für die Richtigkeit dieser These wird dort nicht erbracht. H. WOLF behandelt auch in [6], S. 39—44, das Eggertsche Verfahren und erweitert es, indem er es nicht nur auf Systeme, die im wesentlichen aus Dreiecksketten bestehen, angewendet wissen will, sondern eine Ausdehnung auch auf flächenhafte Netze in Erwägung zieht.

[ ] Die eingeklammerten Zahlen beziehen sich auf das Literaturverzeichnis.

Das Eggertsche Verfahren wurde bei der Ausgleichung des Zentraleuropäischen Dreiecksnetzes durch das frühere Institut für Erdmessung in Bamberg angewandt. Den Einwänden, die L. ASPLUND gegen das Eggertsche Verfahren in seiner Anwendung auf den Zusammenschluß von zwei nicht selbständigen Dreiecksketten und Dreiecksnetzen vorgebracht hat, entgegnet H. WOLF [7], S. 33—54. Mit empirischen Mitteln findet H. WOLF die praktisch völlige Übereinstimmung des Eggertschen Verfahrens mit dem der strengen Anwendung der Methode der kleinsten Quadrate. H. WOLF bringt aber keinen allgemein gültigen Beweis. Auch W. JENNE spricht sich gegen die von L. ASPLUND vorgebrachten Einwände aus [4], S. 54—58, und [11], S. 7. W. JENNE gibt an, daß er durch eine einfache Überlegung zu dem Schluß gekommen sei, daß das Eggertsche Verfahren einer noch weitergehenden Verallgemeinerung fähig sei. Kommt nämlich bei der Ausgleichung großer Dreiecksnetze nach EGGERT eine Richtung in n-Teilnetzen vor, so braucht man nicht zwingend ihr Gewicht bei der Ausgleichung der einzelnen Teilnetze gleich $\frac{1}{n}$ zu setzen. Es genügt, wenn die Gewichte dieser Richtung in den verschiedenen Teilsystemen so gewählt werden, daß ihre Summe gleich dem tatsächlichen Gewicht der beobachteten Richtung ist. Sind im gesamten Netz die Richtungen in genügender Annäherung alle gleichgewichtig, so muß also

$$\sum p = 1$$

sein.

W. JENNE stützt seine Überlegung durch eine Spezialisierung auf ein kleines Beispiel, nämlich auf den Zusammenschluß zweier Dreiecke bei vorliegender Richtungsbeobachtung.

Im folgenden soll zunächst in allgemein gültiger Form ohne einschränkende Spezialisierungen bewiesen werden, daß das Eggertsche Verfahren bei richtiger Anwendung allenfalls als ein strenges im Sinne der Methode der kleinsten Quadrate zu bezeichnen ist, auch bei der durch W. JENNE getroffenen verallgemeinerten Gewichtsfestsetzung. So wird in dieser Frage endgültig Klarheit geschaffen. Natürlich wird man in der Praxis die Gewichte der gemeinsamen Richtungen im allgemeinen gleich groß wählen. Kommt also eine Richtung in n-Teilnetzen vor, so wird man in den einzelnen Teilsystemen

$$p = \frac{1}{n} \qquad \text{setzen.*)}$$

---

*) Wendet man das abgekürzte Eggertsche Verfahren auf die Ausgleichung gitterförmiger Triangulationssysteme an, so kann man von beachtenswerten Vereinfachungen Gebrauch machen: Die Verbindungsketten werden als Teilsysteme T_i eingeführt. Die Verknotungsstellen der Verbindungsketten sind dann so weit voneinander entfernt, daß die Identitätskorrelaten verschiedener Verknotungsstellen voneinander getrennt vor der Hauptausgleichung bequem eliminiert werden können. Es zeigt sich dann auch, daß es in diesem Falle besser ist, nicht das Krügersche Zweigruppenverfahren anzuwenden, von der Berechnung vorläufiger Verbesserungen v' abzusehen und die „gestörten Widersprüche" der Hauptausgleichung aus den Widersprüchen aller Bedingungsgleichungen zu ermitteln. Über diesen Gegenstand wollen wir später ausführlich berichten.

II. Teil: Allgemeiner Beweis für die strenge Gültigkeit des Eggertschen Verfahrens zum Ausgleichen großer geodätischer Systeme nach der Methode der kleinsten Quadrate

A. Das Eggertsche Verfahren

Bevor wir uns dem eigentlichen Beweis zuwenden, erscheint es angebracht zu sein, den Rechengang beim Eggertschen Verfahren noch einmal darzulegen.

Es gelte, das in Bild 1 dargestellte Kranzsystem mit Laplaceschen Azimuten auszugleichen. Die Punkte P_a, P_b, P_c sind Laplacesche Punkte. Die Richtung der durch ═➤═ dargestellten Dreiecksseiten sind Laplacesche Azimute. Das Zeichen ▬▭▬▭▬ bezeichnet die dem System den Maßstab gebende Grundlinie. Außer den Dreiecksbedingungen liegen also Polygonbedingungen und Laplace-Bedingungen vor.

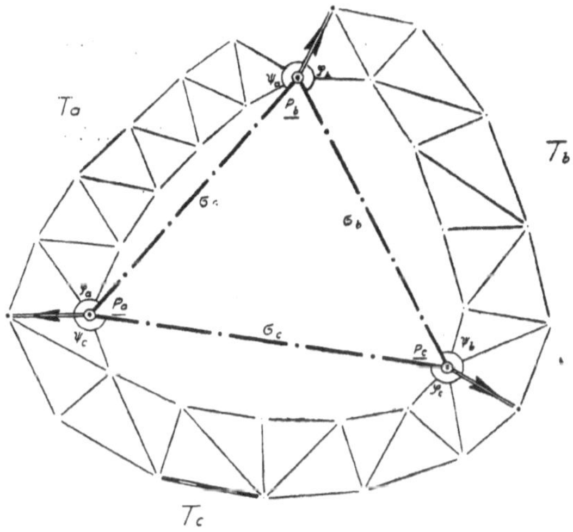

Bild 1

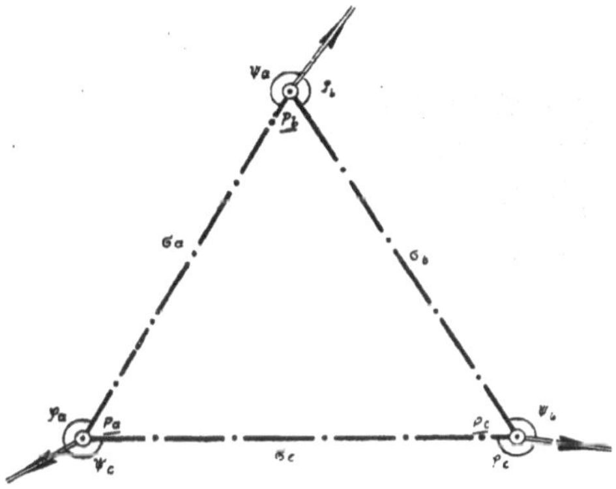

Bild 2

Wir ersetzen die zwischen den Punkten $P_a P_b$, $P_b P_c$ und $P_c P_a$ liegenden Dreiecksketten durch geodätische Linien σ und Anschlußwinkel φ, ψ und erhalten dann folgendes Bild (Bild 2). Die Bedingungsgleichungen der Hauptausgleichung werden mit diesen Funktionen σ, φ, ψ aufgestellt und nicht mit den direkt beobachteten Messungselementen.

σ_i bedeutet die Länge der geodätischen Linie zwischen den Laplaceschen Punkten P_i und P_{i+1}. Die Kette zwischen den Punkten P_i und P_{i+1} bezeichnen wir mit T_i. Die Bedeutung der Anschlußwinkel φ_i und ψ_i ergibt sich aus Bild 1 und Bild 2.

Die in die Ausgleichung der Polygonbedingungen und Laplace-Bedingungen einzuführenden Werte für $\sigma_i, \varphi_i, \psi_i$ — nämlich die Werte $\sigma_i', \varphi_i', \psi_i'$ — erhalten wir aus der Ausgleichung des Teilsystems T_i. Bei der Ausgleichung des Teilsystems T_i erscheinen nur solche Beobachtungen, die zur Kette T_i gehören, und die die Kette T_i mit den Nachbarketten T_{i-1} und T_{i+1} gemeinsam hat. In dieser Ausgleichung des Teilsystems T_i werden die mit einer anderen Teilkette gemeinsamen Beobachtungen mit dem Gewicht $p = \frac{1}{2}$ eingeführt. Wir wollen jedoch zunächst diese Richtungsidentitäten zur Vereinfachung der Ableitungen außer acht lassen.

Im Anschluß an die getrennte Ausgleichung der einzelnen Teilketten berechnen wir für jede Teilkette das System von 9 Gewichtskoeffizienten der Funktionen σ_i, φ_i, ψ_i, das ihnen auf Grund der Ausgleichung der jeweiligen Teilkette zukommt.

Bei der Ausgleichung der Teilkette T_i und der sich anschließenden Gewichtsberechnung können wir uns des Gaußschen Algorithmus bedienen. Die Differentialentwicklungen nach unabhängigen Beobachtungen für die Funktionen σ_i, φ_i, ψ_i führen wir dann zum Zwecke der Gewichtsberechnung bei der Ausgleichung des Teilsystems T_i als neue fingierte Bedingungsgleichungen ein.

Es kann sich auch empfehlen, das Boltzsche Entwicklungsverfahren zu benutzen, weil für die einfachen Dreiecksketten und für einfache Netzgebilde entsprechende Korrelatentabellen fertig vorliegen. Jedoch müssen wir bei der Anwendung des Eggertschen Verfahrens berücksichtigen, daß wir auch in dem besonders einfachen Fall, bei dem das Teilsystem T_i aus einer einfachen Dreieckskette mit nur Dreiecksbedingungen besteht, die für die einfache Dreieckskette bereits aufgestellten Korrelatenentwicklungen nicht benutzen dürfen; denn die zwei Teilsystemen gemeinsamen Richtungen haben ja das Gewicht $p = \frac{1}{2}$ und nicht $p = 1$, so daß bei der Ausgleichung der Teilsysteme der Fall ungleicher Gewichte der Beobachtungen vorliegt. Vgl. [4].

Die „beobachteten" Werte der Funktionen σ, φ, ψ — nämlich σ^0, φ^0, ψ^0 — haben in impliziter Form folgende Gestalt, wenn

$$L_1, L_2, L_3 \ldots L_n$$

die unabhängigen Beobachtungen sind:

$$\begin{aligned} \sigma^0 &= \Lambda_1 (L_1, L_2, L_3 \ldots L_n) \\ \varphi^0 &= \Lambda_2 (L_1, L_2, L_3 \ldots L_n) \\ \psi^0 &= \Lambda_3 (L_1, L_2, L_3 \ldots L_n) \end{aligned} \tag{1}$$

Nach der Ausgleichung der Teilsysteme haben wir für ein bestimmtes Teilsystem T folgende vorläufige Korrelaten:

$$K'_1, K'_2, K'_3 \ldots K'_r \tag{2}$$

Bei der unbestimmten Auflösung der Normalgleichungen errechnen sich die vorläufigen Korrelaten K' aus folgenden Korrelatenentwicklungen:

$$\begin{aligned} K'_1 &= \Gamma_{1.1}\, w_1 + \Gamma_{1.2}\, w_2 + \ldots + \Gamma_{1.r}\, w_r \\ K'_2 &= \Gamma_{2.1}\, w_1 + \Gamma_{2.2}\, w_2 + \ldots + \Gamma_{2.r}\, w_r \\ &\ldots\ldots\ldots\ldots\ldots\ldots \\ K'_r &= \Gamma_{r.1}\, w_1 + \Gamma_{r.2}\, w_2 + \ldots + \Gamma_{r.r}\, w_r \end{aligned} \tag{3}$$

r ist die Anzahl der Bedingungsgleichungen des Teilsystems T.

Nach der Ausgleichung der Teilsysteme errechnen wir vorläufige Verbesserungen

$$v'_1, v'_2 \ldots v'_n \tag{4}$$

Die numerischen Werte der vorläufig ausgeglichenen Funktionen σ, φ, ψ — nämlich σ', φ', ψ' — bestimmen sich wie folgt:

$$\begin{aligned} \sigma' &= \Lambda_1 (L_1 + v'_1, L_2 + v'_2, \ldots L_n + v'_n) \\ \varphi' &= \Lambda_2 (L_1 + v'_1, L_2 + v'_2, \ldots L_n + v'_n) \\ \psi' &= \Lambda_3 (L_1 + v'_1, L_2 + v'_2, \ldots L_n + v'_n) \end{aligned} \tag{5}$$

Für die endgültig ausgeglichenen Funktionen können wir folgende Gleichungen angeben:

$$\begin{aligned} \sigma &= \Lambda_1 (L_1 + v_1, L_2 + v_2, \ldots L_n + v_n) \\ \varphi &= \Lambda_2 (L_1 + v_1, L_2 + v_2, \ldots L_n + v_n) \\ \psi &= \Lambda_3 (L_1 + v_1, L_2 + v_2, \ldots L_n + v_n) \end{aligned} \tag{6}$$

Hier bedeuten

$$v_1, v_2 \ldots v_n \tag{7}$$

die endgültigen Verbesserungen.

Es gilt folgende Gleichung:

$$v_i = v'_i + v''_i, \tag{8}$$

wenn

$$v''_1, v''_2 \ldots v''_n \tag{9}$$

die durch die Hauptausgleichung sich ergebenden zusätzlichen Verbesserungen sind.

Der bei der Ausgleichung der Teilsysteme als fingierte Bedingungsgleichung zu behandelnde Differentialansatz für die Funktionen σ, φ, ψ vor der Ausgleichung der Teilsysteme lautet folgendermaßen:

$$\begin{aligned} \sigma &= \sigma^0 + f_1 v_1 + f_2 v_2 + \dots + f_n v_n = \sigma^0 + [fv] \\ \varphi &= \varphi^0 + f_1' v_1 + f_2' v_2 + \dots + f_n' v_n = \varphi^0 + [f'v] \\ \psi &= \psi^0 + f_1'' v_1 + f_2'' v_2 + \dots + f_n'' v_n = \psi^0 + [f''v] \end{aligned} \tag{10}$$

Hier bedeuten

$$f_i = \frac{\partial \Lambda_1}{\partial L_i} \qquad f_i' = \frac{\partial \Lambda_2}{\partial L_i} \qquad f_i'' = \frac{\partial \Lambda_3}{\partial L_i} \tag{11}$$

Die Zuschläge

$$\Delta\sigma', \Delta\varphi', \Delta\psi'$$

zu den Funktionen

$$\sigma^0, \varphi^0, \psi^0$$

auf Grund der Ergebnisse der Ausgleichung der Teilsysteme lauten in der Entwicklung nach den Verbesserungen v_i' folgendermaßen:

$$\begin{aligned} \Delta\sigma' &= \alpha_1 v_1' + \alpha_2 v_2' + \dots + \alpha_n v_n' = [\alpha v'] \\ \Delta\varphi' &= \beta_1 v_1' + \beta_2 v_2' + \dots + \beta_n v_n' = [\beta v'] \\ \Delta\psi' &= \gamma_1 v_1' + \gamma_2 v_2' + \dots + \gamma_n v_n' = [\gamma v'] \end{aligned} \tag{12}$$

Es gilt also

$$\begin{aligned} \sigma' &= \sigma^0 + \Delta\sigma' \\ \varphi' &= \varphi^0 + \Delta\varphi' \\ \psi' &= \psi^0 + \Delta\psi' \end{aligned} \tag{12a}$$

Nach den Regeln des Eggertschen Verfahrens müssen wir also das folgende System von Gewichtskoeffizienten für jedes Teilsystem T berechnen:

$$\begin{matrix} [\alpha\alpha] & [\alpha\beta] & [\alpha\gamma] \\ [\beta\alpha] & [\beta\beta] & [\beta\gamma] \\ [\gamma\alpha] & [\gamma\beta] & [\gamma\gamma] \end{matrix} \tag{13}$$

Wenn die eigentlichen Bedingungsgleichungen des Teilnetzes T_a folgende Form haben:

$$\begin{aligned} [a v] - w_a &= 0 \\ [b v] - w_b &= 0 \\ \dots\dots& \\ [r v] - w_r &= 0 \end{aligned} \tag{14}$$

und die Normalgleichungen:

$$\begin{aligned} [aa]\, K_1' + [ab]\, K_2' + \dots + [ar]\, K_r' - w_a &= 0 \\ [ba]\, K_1' + [bb]\, K_2' + \dots + [br]\, K_r' - w_b &= 0 \\ \dots\dots\dots\dots\dots\dots& \\ [ra]\, K_1' + [rb]\, K_2' + \dots + [rr]\, K_r' - w_r &= 0 \end{aligned} \tag{15}$$

dann erhalten wir bekanntlich bei der Auflösung der Teilsysteme nach dem Gaußschen Algorithmus:

$$\begin{aligned} [\alpha\alpha] &= [ff] - \frac{[af]^2}{[aa]} - \frac{[bf\cdot 1]^2}{[bb\cdot 1]} - \frac{[cf\cdot 2]^2}{[cc\cdot 2]} - \dots \\ [\alpha\beta] &= [ff'] - \frac{[af][af']}{[aa]} - \frac{[bf\cdot 1][bf'\cdot 1]}{[bb\cdot 1]} - \frac{[cf\cdot 2][cf'\cdot 2]}{[cc\cdot 2]} - \dots \\ [\alpha\gamma] &= [ff''] - \frac{[af][af'']}{[aa]} - \frac{[bf\cdot 1][bf''\cdot 1]}{[bb\cdot 1]} - \frac{[cf\cdot 2][cf''\cdot 2]}{[cc\cdot 2]} - \dots \\ [\beta\beta] &= [f'f'] - \frac{[af']^2}{[aa]} - \frac{[bf'\cdot 1]^2}{[bb\cdot 1]} - \frac{[cf'\cdot 2]^2}{[cc\cdot 2]} - \dots \\ [\beta\gamma] &= [f'f''] - \frac{[af'][af'']}{[aa]} - \frac{[bf'\cdot 1][bf''\cdot 1]}{[bb\cdot 1]} - \frac{[cf'\cdot 2][cf''\cdot 2]}{[cc\cdot 2]} - \dots \\ [\gamma\gamma] &= [f''f''] - \frac{[af'']^2}{[aa]} - \frac{[bf''\cdot 1]^2}{[bb\cdot 1]} - \frac{[cf''\cdot 2]^2}{[cc\cdot 2]} - \dots \end{aligned} \tag{16}$$

Das System (13) kann als ein System reduzierter Normalgleichungen im Sinne des Gaußschen Algorithmus oder als ein System gestörter Normalgleichungen im Sinne des Boltzschen Entwicklungsverfahrens [7], S. 45, gedeutet werden.

Mit der Beendigung dieser Stufe des Eggertschen Verfahrens sind also die Teilsysteme unter Berücksichtigung der Eggertschen Gewichtsfestsetzung für die mehreren Teilsystemen gemeinsamen Beobachtungen ausgeglichen. Die Verbesserungen aus der Ausgleichung der Teilsysteme, v', werden an die ursprünglichen Beobachtungen angebracht, und mit diesen vorläufig verbesserten Beobachtungen

$$L + v'$$

werden die vorläufigen Werte für die Funktionen

$$\Lambda_1,\ \Lambda_2,\ \Lambda_3 \qquad \text{berechnet.}$$

Wir erhalten die Werte

$$\sigma',\ \varphi',\ \psi'$$

— vgl. (5) — und das oben angegebene System von Gewichtskoeffizienten für jedes Teilsystem T (13). Es gilt nun, nach den erhaltenen Teilergebnissen — im Sinne des Krügerschen Zweigruppenverfahrens — zu einer strengen Ausgleichung des gesamten Systems zu kommen. Hierbei ist zu bedenken, daß auch die Polygonbedingungen und die Azimutbedingungen erfüllt sein müssen. Der Einfachheit halber wollen wir Basisbedingungen vorläufig außer acht lassen. Hier schlägt Eggert nun den für sein Verfahren charakteristischen Weg ein. Bei den restlichen noch zu erfüllenden Bedingungen werden die Teilsysteme T vollständig ersetzt durch die geodätischen Linien σ' und die Anschlußwinkel φ' und ψ', nachdem für diese Funktionen die nachfolgend angegebenen Gleichungen mit fingierten Verbesserungen λ mit dem Gewicht 1 — entsprechend der Theorie der äquivalenten Beobachtungen — angesetzt worden sind.

$$\begin{aligned} \sigma &= \sigma' + \alpha_1'\lambda_1 + \alpha_2'\lambda_2 + \alpha_3'\lambda_3 = \sigma' + [\alpha'\lambda] \\ \varphi &= \varphi' + \qquad\quad \beta_2'\lambda_2 + \beta_3'\lambda_3 = \varphi' + [\beta'\lambda] \\ \psi &= \psi' + \qquad\qquad\qquad \gamma_3'\lambda_3 = \psi' + [\gamma'\lambda] \end{aligned} \tag{17}$$

Wenn

$$\Delta\sigma,\quad \Delta\varphi,\quad \Delta\psi$$

die Zuschläge bezeichnen, die wir bei σ', φ', ψ' anbringen müssen, um die endgültigen Werte σ, φ, ψ zu erhalten, wenn also

$$\begin{aligned} \sigma &= \sigma' + \Delta\sigma \\ \varphi &= \varphi' + \Delta\varphi \\ \psi &= \psi' + \Delta\psi \end{aligned} \tag{18}$$

dann gilt auch mit (17)

$$\begin{aligned} \Delta\sigma &= [\alpha'\lambda] \\ \Delta\varphi &= [\beta'\lambda] \\ \Delta\psi &= [\gamma'\lambda] \end{aligned} \tag{19}$$

Die Koeffizienten α', β', γ' in diesem Gleichungssystem befriedigen folgende Gleichungen:

$$\begin{aligned} &[\alpha'\alpha'] = [\alpha\alpha] \\ &[\alpha'\beta'] = [\alpha\beta] \quad [\beta'\beta'] = [\beta\beta] \\ &[\alpha'\gamma'] = [\alpha\gamma] \quad [\beta'\gamma'] = [\beta\gamma] \quad [\gamma'\gamma'] = [\gamma\gamma] \end{aligned} \tag{20}$$

Aus diesen Gleichungen lassen sich die Koeffizienten

$$\alpha',\ \beta',\ \gamma'$$

leicht berechnen, es ist:

$$\begin{aligned} &\gamma_3' = \sqrt{[\gamma\gamma]} \\ &\beta_3'\gamma_3' = [\beta\gamma] \qquad \text{also: } \beta_3' = \frac{[\beta\gamma]}{\sqrt{[\gamma\gamma]}} \\ &\alpha_3'\gamma_3' = [\alpha\gamma] \qquad \text{also: } \alpha_3' = \frac{[\alpha\gamma]}{\sqrt{[\gamma\gamma]}} \end{aligned} \tag{21}$$

ferner ist

$$\beta_2'^2 + \beta_3'^2 = [\beta\beta] \qquad \text{also: } \beta_2'^2 = [\beta\beta] - \beta_3'^2 = [\beta\beta] - \frac{[\beta\gamma]^2}{[\gamma\gamma]} \quad \text{usw.}$$

Wir erhalten die Koeffizienten α', β', γ' des Systems (17) auf einfache Weise dadurch, daß wir das System der Gewichtskoeffizienten (13) nach CHOLESKY reduzieren. Vgl. [3], [7], S. 45. Treten Basisbedingungen auf, so müssen auch die Längen der Dreiecksseiten, die zwei benachbarten Dreieckskettten gemeinsam sind, als Funktionen von fingierten Beobachtungen eingeführt werden. Wir haben es dann nicht mit 3, sondern mit 4 Funktionen von 4 äquivalenten Beobachtungen zu tun. Wir wollen jedoch Basisbedingungen vorläufig nicht berücksichtigen, um nicht weitere Komplikationen in die Formelentwicklungen hineinzutragen. Wir ersetzen also nach EGGERT in den Bedingungsgleichungen der Hauptausgleichung die in den Teilsystemen vorkommenden Beobachtungen durch die Funktionen σ', φ', ψ' bzw. durch die neu eingeführten Verbesserungen λ der äquivalenten Beobachtungen. So erscheinen in den linear gemachten Bedingungsgleichungen der Hauptausgleichung nur die Differentiale der Funktionen σ', φ' ψ' — nämlich $\Delta\sigma$, $\Delta\varphi$, $\Delta\psi$ — bzw. die Verbesserungen λ der äquivalenten Beobachtungen und die Verbesserungen v^s, deren zugehörige Beobachtungen L^s in den Bedingungsgleichungen der Teilsysteme nicht vorkommen, z. B. eventuell Laplace-Azimute.

(Hochgesetzte Ziffern und Zahlen bedeuten im folgenden keine Potenzzahlen, sondern stellen Indizierungen dar.)

In linearer Form mögen die Bedingungsgleichungen der Hauptausgleichung folgendermaßen lauten:

$$\begin{aligned}
[A^1\,\Delta\sigma] + [A^2\,\Delta\varphi] + [A^3\,\Delta\psi] + [A^s v^s] - W_A &= 0\\
[B^1\,\Delta\sigma] + [B^2\,\Delta\varphi] + [B^3\,\Delta\psi] + [B^s v^s] - W_B &= 0\\
\ldots\ldots\ldots\ldots\ldots\ldots\ldots\ldots\ldots\ldots\ldots &\\
[R^1\,\Delta\sigma)] + [R^2\,\Delta\varphi] + [R^3\,\Delta\psi] + [R^s v^s] - W_R &= 0
\end{aligned} \tag{22}$$

Hier gilt für den Widerspruch W_i, $i = A, B \ldots R$

$$W_i = -\,\Omega_i\,(\sigma_1', \sigma_2' \ldots;\ \varphi_1', \varphi_2', \ldots;\ \psi_1', \psi_2', \ldots;\ L_1^s, L_2^s, \ldots) \tag{23}$$

Wir ersetzen $\Delta\sigma$, $\Delta\varphi$, $\Delta\psi$ in den Gleichungen (22) mit (19) durch die Verberserungen äquivalenter Beobachtungen λ_1, $\lambda_2 \ldots$ und erhalten die folgenden Bedingungsgleichungen:

$$\begin{aligned}
[A'\,\lambda] + [A^s v^s] - W_A &= 0\\
[B'\,\lambda] + [B^s v^s] - W_B &= 0\\
\ldots\ldots\ldots\ldots\ldots\ldots &\\
[R'\,\lambda] + [R^s v^s] - W_R &= 0
\end{aligned} \tag{24}$$

Treten Beobachtungen auf, die mehreren Teilsystemen gemeinsam sind, so treten zu den Funktionen σ, φ, ψ noch die Funktionen $t, u \ldots;\ t', u' \ldots$, die für die benachbarten Systemen gemeinsamen Beobachtungen gesetzt werden und folgende Richtungsidentitätsbedingungen erfüllen müssen:

$$t - t' = 0, \quad u - u' = 0 \ldots \tag{25}$$

(25) im Verein mit (22) resp. (24) bilden die Bedingungsgleichungen der Hauptausgleichung nach EGGERT. Aus den Bedingungsgleichungen erhalten wir die Normalgleichungen und aus deren Auflösung die Korrelaten der Hauptausgleichung

$$K_{\mathrm{I}}, K_{\mathrm{II}} \ldots K_{(R)}$$

Schließlich ergeben sich aus den folgenden Korrelatengleichungen die Verbesserungen λ und v^s.

$$\begin{aligned}
\lambda_1 &= A_1' K_{\mathrm{I}} + B_1' K_{\mathrm{II}} + \ldots + R_1' K_{(R)}\\
\lambda_2 &= A_2' K_{\mathrm{I}} + B_2' K_{\mathrm{II}} + \ldots + R_2' K_{(R)}\\
&\ldots\ldots\ldots\ldots\ldots\ldots\ldots\ldots\\
\lambda_m &= A_m' K_{\mathrm{I}} + B_m' K_{\mathrm{II}} + \ldots + R_m' K_{(R)}\\
v_1^s &= A_1^s K_{\mathrm{I}} + B_1^s K_{\mathrm{II}} + \ldots + R_1^s K_{(R)}\\
v_2^s &= A_2^s K_{\mathrm{I}} + B_2^s K_{\mathrm{II}} + \ldots + R_2^s K_{(R)}\\
&\ldots\ldots\ldots\ldots\ldots\ldots\ldots\ldots\\
v_n^s &= A_n^s K_{\mathrm{I}} + B_n^s K_{\mathrm{II}} + \ldots + R_n^s K_{(R)}
\end{aligned} \tag{26}$$

Mit den Verbesserungen λ errechnen wir dann mit dem Gleichungssystem (17) die ausgeglichenen Funktionen σ, φ, ψ, indem wir an den vorläufigen Werten σ', φ', ψ' die Zuschläge $\Delta\sigma$, $\Delta\varphi$, $\Delta\psi$ anbringen. Jetzt sind noch die endgültigen Verbesserungen v derjenigen Beobachtungen zu ermitteln, die in den Teilsystemen vorkamen und für die wir bisher aus der Ausgleichung der Teilsysteme nur vorläufige Verbesserungen v' ermittelt haben. Zu diesem Zweck wird die Ausgleichung der Teilsysteme noch einmal durchgeführt. Die Gleichungen (10), die bisher nur der Gewichtsberechnung der Funktionen σ, φ, ψ dienten und als fingierte Bedingungsgleichungen ohne Widersprüche mitgenommen wurden, werden jetzt als tatsächliche Bedingungsgleichungen mit Widersprüchen behandelt. Diese zusätzlichen Bedingungsgleichungen (10) werden zusammen mit den ursprünglichen Bedingungsgleichungen des betreffenden Teilsystems T zu einem neuen Teilsystem T^* zusammengefaßt und ausgeglichen.

Die Mitnahme dieser zusätzlichen Bedingungsgleichungen bedeutet nichts anderes als den „Anschluß" der Teilnetze T an die endgültig ausgeglichenen Werte der Funktionen σ, φ, ψ. Es bedarf keiner weiteren Erläuterungen, daß dieser „Anschluß" an die ausgeglichenen Werte streng ist im Sinne der Ausgleichung in einem Guß nach der Methode der kleinsten Quadrate. Setzen wir in den Geichungen (10) für σ^0 σ', für φ^0 φ', für ψ^0 ψ' und für v_i v_i'', so erhalten wir die zur Rede stehenden Bedingungsgleichungen:

$$\begin{aligned} [fv''] - \Delta\sigma &= 0 \\ [f'v''] - \Delta\varphi &= 0 \\ [f''v''] - \Delta\psi &= 0 \end{aligned} \tag{27}$$

Die Werte für $\Delta\sigma$, $\Delta\varphi$, $\Delta\psi$ errechnen sich nach (19).

Der Zusammenschluß der zusätzlichen Bedingungsgleichungen (27) mit den Bedingungsgleichungen der Teilnetze (14) erfolgt nach dem Krügerschen Zwei-Gruppenverfahren. Die erste Gruppe wird durch die ursprünglichen Bedingungsgleichungen (14) gebildet. Die zweite Gruppe enthält die zusätzlichen Bedingungsgleichungen (27). Für die zusätzlichen Bedingungsgleichungen ergeben sich nach Wolf [7], S. 43, zusätzliche fingierte Korrelaten (k) und Normalgleichungen. Die Ausgleichung dieser neuen Teilsysteme T^* ergibt die endgültig verbesserten Beobachtungen L. Hinsichtlich von Einzelheiten für die Ausgleichung der Teilsysteme T^* sei auf [7] verwiesen.

(Die symbolischen Bezeichnungen in dem vorliegenden Kapitel A sind nicht ohne weiteres auf die Bezeichnungen für analoge Begriffe in den folgenden Kapiteln zu übertragen.)

B. Beweis für die Richtigkeit der Eggertschen Gewichtsfestsetzung für die identischen Richtungen

Wir kommen nun zum eigentlichen Beweis des Eggertschen Verfahrens und stellen zunächst symbolisch die Bedingungsgleichungen — Dreiecksbedingungen, Zentralbedingungen, Polygonbedingungen, Laplace-Bedingungen, Basisbedingungen — des gesamten Systems in ursprünglicher normaler Form auf, als ob wir auf normalem Wege das System in einem Guß nach dem Gaußschen Algorithmus ausgleichen wollten.

$$\begin{aligned} [av] - w_a &= 0 \\ [bv] - w_b &= 0 \\ \cdots\cdots & \\ [rv] - w_r &= 0 \end{aligned} \tag{28}$$

Wir teilen dieses gesamte System von Bedingungsgleichungen (28) in zwei Abteilungen, von denen die erste wieder in Unterabteilungen zerfällt, ein, ohne innerhalb der einzelnen Bedingungsgleichungen irgendeine Veränderung der numerischen Werte vorzunehmen. Es handelt sich beim folgenden System (29) nur um eine bestimmt geregelte Ordnung in der Aufeinanderfolge der Bedingungsgleichungen und um eine andere symbolische Bezeichnung sowohl der Koeffizienten bei den Verbesserungen als auch der Widersprüche. Die einzelnen Bedingungsgleichungen des Systems (28) finden wir im System (29) an der entsprechenden Stelle identisch wieder.

$$
\begin{array}{ll}
\underline{I.'''a.} & [a'^1 v] - w_1^a = 0 \\
 & [a'^2 v] - w_2^a = 0 \\
 & \cdots\cdots\cdots \\
\hline
\underline{I.'''b.} & [b'^1 v] - w_1^b = 0 \\
 & [b'^2 v] - w_2^b = 0 \\
 & \cdots\cdots\cdots \\
\hline
 & \vdots \\
\hline
\underline{I.'''i.} & [i'^1 v] - w_1^i = 0 \\
 & [i'^2 v] - w_2^i = 0 \\
 & \cdots\cdots\cdots \\
\hline
 & \vdots \\
\hline
\underline{I.'''r.} & [r'^1 v] - w_1^r = 0 \\
 & [r'^2 v] - w_2^r = 0 \\
 & \cdots\cdots\cdots \\
\hline\hline
\underline{II.'''} & [z^1 v] - w_1^z = 0 \\
 & [z^2 v] - w_2^z = 0 \\
 & \cdots\cdots\cdots \\
\hline
\end{array}
\qquad (29)
$$

Ausführlich geschrieben lautet z. B. die erste Gleichung der Unterabteilung $\underline{I.'''a.}$

$$a_1'^1 v_1 + a_2'^1 v_2 + \ldots + a_n'^1 v_n - w_1^a = 0$$

Die letzte Abteilung $\underline{II.'''}$ haben wir aus später sich zeigenden Gründen besonders hervorgehoben. Die Summen in den Gleichungen der einzelnen Unterabteilungen sind über sämtliche im Gesamtsystem vorkommende Beobachtungen zu erstrecken. Im allgemeinen wird eine größere Anzahl der Koeffizienten

$$a_e'^k,\ b_e'^k, \ldots\ i_e'^k, \ldots\ r_e'^k;\ z_e^1,\ z_e^2 \ldots$$

gleich Null sein, d. h. in den einzelnen Abteilungen und Unterabteilungen

$$\underline{I'''.\,a.},\ \underline{I'''.\,b.},\ \ldots,\ \underline{I'''.\,i.},\ \ldots\ \underline{I'''.\,r.},\ \underline{II'''}.$$

kommen im allgemeinen nicht alle Beobachtungen vor. Die Einteilung der Bedingungsgleichungen (29) in die Abteilungen und Unterabteilungen sei so gewählt, daß von allen Beobachtungen, die in einer bestimmten der Unterabteilungen

$$\underline{I'''.\,a.},\ \underline{I'''.\,b.},\ \ldots,\ \underline{I'''.\,i.},\ \ldots\ \underline{I'''.\,r.}$$

erscheinen, nur wenige in einer zweiten der genannten Unterabteilungen vorkommen. Hinsichtlich der Abteilung $\underline{II'''}$. werde diese Einschränkung nicht gemacht, d. h. es sei angängig, daß in dieser Abteilung alle Verbesserungen des Systems (29) vorkommen. Um dieser Tatsache Rechnung zu tragen, schreiben wir das System von Bedingungsgleichungen (29) in einer etwas anderen Form, vgl. (30)

$$
\begin{array}{ll}
\underline{I.''a.} & [a^1 v^a] + [\bar{a}^1 \bar{v}] - w_1^a = 0 \\
& [a^2 v^a] + [\bar{a}^2 \bar{v}] - w_2^a = 0 \\
& \dots\dots\dots\dots \\
\hline
\underline{I.''b.} & [b^1 v^b] + [\bar{b}^1 \bar{v}] - w_1^b = 0 \\
& [b^2 v^b] + [\bar{b}^2 \bar{v}] - w_2^b = 0 \\
& \dots\dots\dots\dots \\
\hline
& \vdots \\
\hline
\underline{I.''i.} & [i^1 v^i] + [\bar{i}^1 \bar{v}] - w_1^i = 0 \\
& [i^2 v^i] + [\bar{i}^2 \bar{v}] - w_2^i = 0 \\
& \dots\dots\dots\dots \\
\hline
& \vdots \\
\hline
\underline{I.''r.} & [r^1 v^r] + [\bar{r}^1 \bar{v}] - w_1^r = 0 \\
& [r^2 v^r] + [\bar{r}^2 \bar{v}] - w_2^r = 0 \\
& \dots\dots\dots\dots \\
\hline\hline
\underline{II.''} & [z^{1.a} v^a] + [z^{1.b} v^b] + \ldots + [z^{1.r} v^r] + [\bar{z}^1 \bar{v}] - w_1^z = 0 \\
& [z^{2.a} v^a] + [z^{2.b} v^b] + \ldots + [z^{2.r} v^r] + [\bar{z}^2 \bar{v}] - w_2^z = 0 \\
& \dots\dots\dots\dots\dots\dots\dots\dots
\end{array}
\qquad (30)
$$

In der Abteilung $\underline{II.''}$ ist eine Heraussonderung der Verbesserungen solcher Beobachtungen, die nur in der Abteilung $\underline{II.''}$ und nicht bei der Ausgleichung der Teilsysteme vorkommen, nicht notwendig. Diese Verbesserungen können als zu einem der Teilsysteme T_a, $T_b \ldots T_r$ gehörig gedacht werden, wenn man nur fingierterweise annimmt, daß in den Bedingungsgleichungen dieses Teilsystems die Koeffizienten bei den Verbesserungen so klein sind, daß sie entsprechend der Rechengenauigkeit vernachlässigt werden können. Bei dem zweiten unter IV. B. durchgerechneten numerischen Beispiel ordnen wir tatsächlich die Beobachtungen, die eigentlich nicht in der vorläufigen Ausgleichung vorkommen, einem der Teilsysteme T zu, wodurch die Rechnung mehr schematisiert wird.

Ausführlich geschrieben lautet z. B. die erste Gleichung der Abteilung $\underline{II.''}$

$$
\begin{array}{l}
\quad z_1^{1.a} v_1^a + z_2^{1.a} v_2^a + z_3^{1.a} v_3^a + \ldots \\
+ z_1^{1.b} v_1^b + z_2^{1.b} v_2^b + z_3^{1.b} v_3^b + \ldots \\
\dots\dots\dots\dots \\
+ z_1^{1.r} v_1^r + z_2^{1.r} v_2^r + z_3^{1.r} v_3^r + \ldots \\
+ \bar{z}_1^1 \bar{v}_1 + \bar{z}_2^1 \bar{v}_2 + \bar{z}_3^1 \bar{v}_3 + \ldots \\
\qquad\qquad\qquad\qquad - w_1^z = 0
\end{array}
$$

Die neue symbolische Schreibweise der Bedingungsgleichungen im System (30) gegenüber dem System (29) bedeutet nur eine nach bestimmten Gesetzen erfolgte Aufteilung des Summationsbereiches in den Bedingungsgleichungen. Die Verbesserungen

$$
v_e^i \qquad \begin{array}{l} i = a, b, \ldots r \\ e = 1, 2, \ldots \end{array}
$$

kommen nur in der Unterabteilung $\underline{I.''i}$ und in der Abteilung $\underline{II.''}$ vor. In den anderen Unterabteilungen treten sie niemals auf. Die Verbesserungen $\bar{v}_e$ kommen in mehr als einer Abteilung, im allgemeinen in allen Abteilungen und Unterabteilungen, vor.

Es sei nochmals herausgestellt, daß die Gleichungssysteme (29) und (30) identisch sind mit dem Gleichungssystem (28). Es handelt sich nur um eine andere symbolische Schreibweise, indem einzelne Bedingungsgleichungen zu besonderen Abteilungen zusammengefaßt wurden, indem der Summationsbereich in den Bedingungsgleichungen in einzelne Teile zerlegt wurde und indem andere algebraische Symbole für die Koeffizienten und Verbesserungen in den Bedingungsgleichungen gesetzt wurden. Wir können jedes System von Bedingungsgleichungen auf die Form (30) bringen. Es sei z. B. das in Bild 3 dargestellte Zentralsystem mit 3 Grundlinien nach der Methode der kleinsten Quadrate auszugleichen. Dann können wir die Dreiecksbedingungen für die Dreiecke 1, 2, 3, 4, 5 und die Basisbedingung zwischen den Grundlinien GH und HB zur

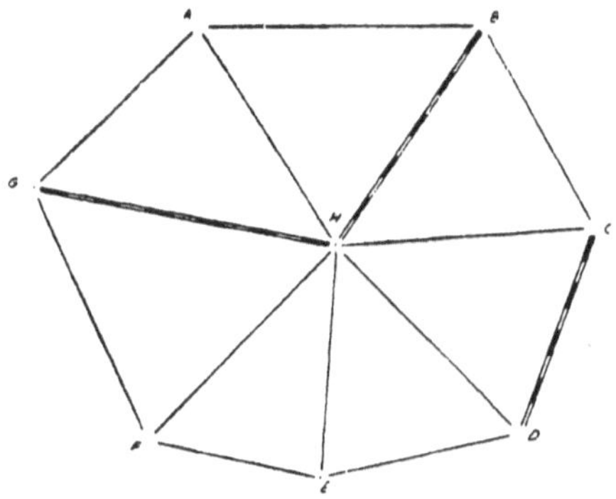

Bild 3

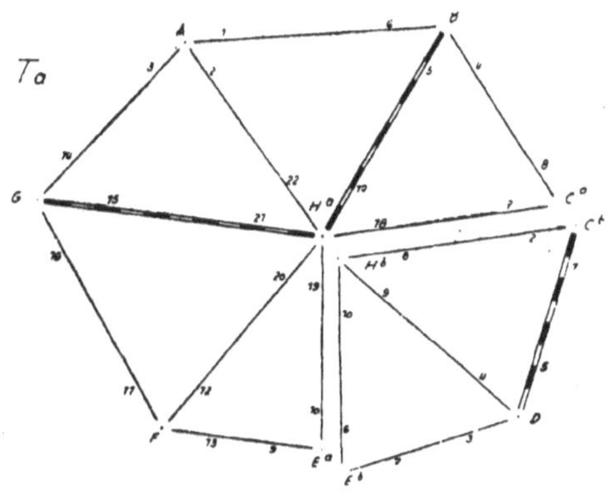

Bild 4

Unterabteilung $\underline{I.''a.}$ (Teilsystem T_a) zusammenfassen. Die Dreiecksbedingungen bezüglich der Dreiecke 6 und 7 bilden dann die Unterabteilung $\underline{I.''b.}$ (Teilsystem T_b). Bild 4 stellt diese Unterteilung des Zentralsystems in 2 Teilsysteme dar. Die Abteilung $\underline{II.''}$ enthält dann außer den Identitätsbedingungen die Zentralbedingung und die zweite Basisbedingung bzw. zwei Bedingungen, die diesen beiden Bedingungen gleichwertig sind. Wir haben in der Hauptausgleichung zu Bild 3, 4 zweckmäßigerweise zwei Basisidentitäten und vier Richtungsidentitäten aufgestellt, indem wir die Zentralbedingung und die zweite Basisbedingung durch 2 Basisidentitätsbedingungen ersetzten.

Aus dem System der Bedingungsgleichungen (30) bilden wir das zugehörige Normalgleichungssystem. Weil die symbolische Darstellung der Bedingungsgleichungen (30) in den Unterabteilungen

$$\underline{I.''a.}, \ \underline{I.''b.}, \ \ldots, \ \underline{I.''i.}, \ \ldots, \ \underline{I.''r.}$$

gleichartig ist, schreiben wir nicht alle Normalgleichungen hin, sondern nur eine einzige, in allgemeiner Form gehaltene, nämlich die Normalgleichung, die sich auf die erste Bedingungsgleichung der Unterabteilung $\underline{I.''i.}$ bezieht.

$$\begin{aligned}
&[\bar{i}^1\bar{a}^1]\,K_{a.1} + [\bar{i}^1\bar{a}^2]\,K_{a.2} + [\bar{i}^1\bar{a}^3]\,K_{a.3} + \ldots \\
&+ [\bar{i}^1\bar{b}^1]\,K_{b.1} + [\bar{i}^1\bar{b}^2]\,K_{b.2} + [\bar{i}^1\bar{b}^3]\,K_{b.3} + \ldots \\
&\ldots\ldots\ldots\ldots\ldots\ldots\ldots\ldots\ldots \\
&+ \left\{[i^1 i^1] + [\bar{i}^1\bar{i}^1]\right\} K_{i.1} + \left\{[i^1 i^2] + [\bar{i}^1\bar{i}^2]\right\} K_{i.2} + \left\{[i^1 i^3] + [\bar{i}^1\bar{i}^3]\right\} K_{i.3} + \ldots \\
&\ldots\ldots\ldots\ldots\ldots\ldots\ldots\ldots\ldots\ldots\ldots\ldots , \\
&+ [\bar{i}^1\bar{r}^1]\,K_{r.1} + [\bar{i}^1\bar{r}^2]\,K_{r.2} + [\bar{i}^1\bar{r}^3]\,K_{r.3} + \ldots \\
&+ \left\{[i^1 z^{1.i}] + [\bar{i}^1\bar{z}^1]\right\} K_{z.1} + \left\{[i^1 z^{2.i}] + [\bar{i}^1\bar{z}^2]\right\} K_{z.2} + \left\{[i^1 z^{3.i}] + [\bar{i}^1\bar{z}^3]\right\} K_{z.3} + \ldots \\
&\qquad - w_1^i = 0
\end{aligned} \tag{31}$$

Wir geben ferner die zweite Normalgleichung der Abteilung $\underline{II.''}$ an.

$$
\begin{aligned}
&\{[z^{2.a}a^1] + [\bar{z}^2\bar{a}^1]\} K_{a.1} + \{[z^{2.a}a^2] + [\bar{z}^2\bar{a}^2]\} K_{a.2} + \{[z^{2.a}a^3] + [\bar{z}^2\bar{a}^3]\} K_{a.3} + \ldots \\
&+ \{[z^{2.b}b^1] + [\bar{z}^2\bar{b}^1]\} K_{b.1} + \{[z^{2.b}b^2] + [\bar{z}^2\bar{b}^2]\} K_{b.2} + \{[z^{2.b}b^3] + [\bar{z}^2\bar{b}^3]\} K_{b.3} + \ldots \\
&\ldots\ldots\ldots\ldots\ldots\ldots\ldots\ldots\ldots\ldots\ldots\ldots\ldots\ldots \qquad (32) \\
&+ \{[z^{2.i}i^1] + [\bar{z}^2\bar{i}^1]\} K_{i.1} + \{[z^{2.i}i^2] + [\bar{z}^2\bar{i}^2]\} K_{i.2} + \{[z^{2.i}i^3] + [\bar{z}^2\bar{i}^3]\} K_{i.3} + \ldots \\
&\ldots\ldots\ldots\ldots\ldots\ldots\ldots\ldots\ldots\ldots\ldots\ldots\ldots\ldots \\
&+ \{[z^{2.r}r^1] + [\bar{z}^2\bar{r}^1]\} K_{r.1} + \{[z^{2.r}r^2] + [\bar{z}^2\bar{r}^2]\} K_{r.2} + \{[z^{2.r}r^3] + [\bar{z}^2\bar{r}^3]\} K_{r.3} + \ldots \\
&+ \{[z^{2.a}z^{1.a}] + [z^{2.b}z^{1.b}] + \ldots + [z^{2.r}z^{1.r}] + [\bar{z}^2\bar{z}^1]\} K_{z.1} \\
&+ \{[z^{2.a}z^{2.a}] + [z^{2.b}z^{2.b}] + \ldots + [z^{2.r}z^{2.r}] + [\bar{z}^2\bar{z}^2]\} K_{z.2} \\
&+ \{[z^{2.a}z^{3.a}] + [z^{2.b}z^{3.b}] + \ldots + [z^{2.r}z^{3.r}] + [\bar{z}^2\bar{z}^3]\} K_{z.3} \\
&\ldots\ldots\ldots\ldots\ldots\ldots\ldots\ldots\ldots\ldots \\
&\qquad\qquad\qquad\qquad\qquad\qquad - w_2^z = 0
\end{aligned}
$$

Ausführlich bedeutet z. B.:

$$[i^1 i^2] = i_1^1 i_1^2 + i_2^1 i_2^2 + i_3^1 i_3^2 + \ldots = \sum_e i_e^1 i_e^2$$

und

$$[z^{2.a}a^2] = z_1^{2.a}a_1^2 + z_2^{2.a}a_2^2 + z_3^{2.a}a_3^2 + \ldots = \sum_e z_e^{2.a}a_e^2$$

In der Normalgleichung (31) steht die Korrelate $K_{i.1}$ in der Hauptdiagonalen; in der Normalgleichung (32) ist es die Korrelate $K_{z.2}$.

Wir wenden uns nun dem Beweis für die Richtigkeit der Eggertschen Gewichtsfestsetzung zu.

Ich behaupte, daß die Behandlung der Bedingungsgleichungen (30) nach der Methode der kleinsten Quadrate dasselbe Ergebnis liefert, d. h. die gleichen Verbesserungen

$$
\begin{array}{l}
v_1^a,\ v_2^a,\ v_3^a \ldots \\
v_1^b,\ v_2^b,\ v_3^b \ldots \\
\ldots\ldots \\
v_1^i,\ v_2^i,\ v_3^i \ldots \\
\ldots\ldots \\
v_1^r,\ v_2^r,\ v_3^r \ldots \\
\bar{v}_1,\ \bar{v}_2,\ \bar{v}_3 \ldots
\end{array}
$$

ergibt, wie die Ausgleichung folgender, dem Eggertschen Verfahren entsprechender Bedingungsgleichungen nach der Methode der kleinsten Quadrate, wobei die eingeführten Gewichte zu beachten sind:

$$
\begin{array}{ll}
\underline{I'.a.} & [a^1 v^a] + [\bar{a}^1 \bar{v}^a] - w_1^a = 0 \\
 & [a^2 v^a] + [\bar{a}^2 \bar{v}^a] - w_2^a = 0 \\
 & \ldots\ldots\ldots \\
\underline{I'.b.} & [b^1 v^b] + [\bar{b}^1 \bar{v}^b] - w_1^b = 0 \\
 & [b^2 v^b] + [\bar{b}^2 \bar{v}^b] - w_2^b = 0 \\
 & \ldots\ldots\ldots \\
 & \vdots \\
\underline{I.'i.} & [i^1 v^i] + [\bar{i}^1 \bar{v}^i] - w_1^i = 0 \\
 & [i^2 v^i] + [\bar{i}^2 \bar{v}^i] - w_2^i = 0 \\
 & \ldots\ldots\ldots \\
 & \vdots \qquad\qquad\qquad\qquad (33a) \\
\underline{I'.r.} & [r^1 v^r] + [\bar{r}^1 \bar{v}^r] - w_1^r = 0 \\
 & [r^2 v^r] + [\bar{r}^2 \bar{v}^r] - w_2^r = 0 \\
 & \ldots\ldots\ldots
\end{array}
$$

$$\underline{II'}.\quad [z^{1.a}v^a] + [z^{1.b}v^b] + \dots + [z^{1.r}v^r] + [\bar{z}^1\bar{v}^b] - w_1^z = 0$$
$$[z^{2.a}v^a] + [z^{2.b}v^b] + \dots + [z^{2.r}v^r] + [\bar{z}^2\bar{v}^b] - w_2^z = 0 \qquad (33\text{b})$$
$$\dots\dots\dots$$

$$\underline{III'.1.}\quad \bar{v}_1^a - \bar{v}_1^b = 0$$
$$\bar{v}_1^a - \bar{v}_1^c = 0$$
$$\dots$$
$$\bar{v}_1^a - \bar{v}_1^i = 0$$
$$\dots$$
$$\bar{v}_1^a - \bar{v}_1^r = 0$$

$$\underline{III'.2.}\quad \bar{v}_2^a - \bar{v}_2^b = 0 \qquad (33\text{c})$$
$$\bar{v}_2^a - \bar{v}_2^c = 0$$
$$\dots$$
$$\bar{v}_2^a - \bar{v}_2^i = 0$$
$$\dots$$
$$\bar{v}_2^a - \bar{v}_2^r = 0$$

. . .
. . .
. . .

$$\underline{III'.e.}\quad \bar{v}_e^a - \bar{v}_e^b = 0$$
$$\bar{v}_e^a - \bar{v}_e^c = 0$$
$$\dots$$
$$\bar{v}_e^a - \bar{v}_e^i = 0$$
$$\dots$$
$$\bar{v}_e^a - \bar{v}_e^r = 0$$

. . .
. . .
. . .

$$\underline{III'.n.}\quad \bar{v}_n^a - \bar{v}_n^b = 0$$
$$\bar{v}_n^a - \bar{v}_n^c = 0$$
$$\dots$$
$$\bar{v}_n^a - \bar{v}_n^i = 0$$
$$\dots$$
$$\bar{v}_n^a - \bar{v}_n^r = 0$$

Sehr wesentlich ist die Festsetzung der Gewichte

$$\bar{p}_e^i \qquad \begin{array}{l} i = a,\ b,\ \dots\ r \\ e = 1,\ 2,\ \dots \end{array}$$

der zu den Verbesserungen $\bar{v}_e^i$ gehörigen Beobachtungen $\bar{L}_e^i$. Diese Gewichte werden nach EGGERT so gewählt, daß ihre über alle Teilsysteme T_i, $i = a, b, \dots r$, erstreckte Summe gleich 1 ist. Also

$$\sum_{i=a}^{r} \bar{p}_e^i = 1 \qquad \text{für jedes } e,\ e = 1,\ 2,\ \dots \qquad (33\text{d})$$

Durch die Abteilung $\underline{III'}$ mit den Unterabteilungen $\underline{III'.1}$, $\underline{III'.2}$, ... $\underline{III'.e.}$, ... $\underline{III'.n}$ wird ausgedrückt, daß die Verbesserungen

$$\bar{v}_i^e$$

für $e =$ konstant und $i = a, b, c, \dots r$ alle gleich groß sind. Die Anzahl der Bedingungsgleichungen einer Unterabteilung $\underline{III'.e.}$ der Abteilung $\underline{III'}$. beträgt $(\varrho - 1)$, wenn ϱ die Anzahl der Teilsysteme T_i und damit gleich der Anzahl der Unterabteilungen der Abteilung $\underline{I'.}$ ist. Die Gewichte der zu den Verbesserungen

$$v_e^i \qquad \begin{matrix} i = a, b, \ldots r \\ e = 1, 2, \ldots \end{matrix}$$

gehörigen Beobachtungen setzen wir zur Vereinfachung gleich eins. Später gehen wir im Teil II, Abschnitt D, auf den Fall ungleicher Gewichte ein.

In den letzten Summen in den Gleichungen (33 b) setzten wir allenfalls $\bar{v}_e^b$ als Verbesserung. Mit derselben Berechtigung hätten wir jede andere Verbesserung

$$\bar{v}_e^i \qquad i = a, b, \ldots r$$

nehmen können, wie dem System (33 c) zu entnehmen ist. Die gewählte Spezialisierung geschah lediglich zur Vereinfachung des Beweisganges.

Man erkennt, daß die Unterabteilungen

$$\underline{I'.a.}, \underline{I'.b.}, \ldots, \underline{I'.i.}, \ldots, \underline{I'.r.}$$

voneinander unabhängig sind. Die Ausgleichung dieser voneinander unabhängigen Teilsysteme

$$T_a, T_b, \ldots, T_i, \ldots, T_r$$

ist der erste Schritt des Eggertschen Verfahrens.

Wenn wir also das Dreiecksnetz in den Bildern 3 und 4 nach EGGERT ausgleichen wollen, so müssen wir zunächst die nach EGGERT voneinander unabhängigen Teilsysteme T_a und T_b getrennt ausgleichen. Hierbei sind im Teilsystem T_a vier Richtungsbeobachtungen L_7^a, L_{10}^a, L_{18}^a, L_{19}^a mit dem Gewicht $\frac{1}{2}$ einzuführen, desgleichen im Teilsystem T_b bei den Beobachtungen L_2^b, L_6^b, L_8^b, L_{10}^b.

Zum Zwecke des weiteren Beweisganges substituieren wir in den Bedingungsgleichungen des Gleichungssystems (33 a) die Verbesserungen

$$\bar{v}_e^i \qquad \begin{matrix} i = a, b \ldots r \\ e = 1, 2 \ldots \end{matrix}$$

durch $\bar{v}_e^b$

mit Hilfe des Gleichungssystems III'. — (33 c) —. Man erhält dann das folgende Gleichungssystem:

$$\begin{array}{ll}
\underline{I.a.} & [a^1 v^a] + [\overline{a^1} \bar{v}^b] - w_1^a = 0 \\
& [a^2 v^a] + [\overline{a^2} \bar{v}^b] - w_2^a = 0 \\
& \ldots\ldots\ldots\ldots \\
\hline
\underline{I.b.} & [b^1 v^b] + [\overline{b^1} \bar{v}^b] - w_1^b = 0 \\
& [b^2 v^b] + [\overline{b^2} \bar{v}^b] - w_2^b = 0 \\
& \ldots\ldots\ldots\ldots \\
\hline
& \vdots \\
\hline
\underline{I.i.} & [i^1 v^i] + [\overline{i^1} \bar{v}^b] - w_1^i = 0 \\
& [i^2 v^i] + [\overline{i^2} \bar{v}^b] - w_2^i = 0 \\
& \ldots\ldots\ldots\ldots \\
\hline
& \vdots \\
\hline
\underline{I.r.} & [r^1 v^r] + [\overline{r^1} \bar{v}^b] - w_1^r = 0 \\
& [r^2 v^r] + [\overline{r^2} \bar{v}^b] - w_2^r = 0 \\
& \ldots\ldots\ldots\ldots \\
\hline\hline
\end{array} \qquad (34\,a)$$

$$\underline{II.} \quad \begin{aligned} &[z^{1.a}v^a] + [z^{1.b}v^b] + \ldots + [z^{1.r}v^r] + [\overline{z}^1\overline{v}^b] - w_1^z = 0 \\ &[z^{2.a}v^a] + [z^{2.b}v^b] + \ldots + [z^{2.r}v^r] + [\overline{z}^2\overline{v}^b] - w_2^z = 0 \\ &\ldots\ldots\ldots\ldots\ldots\ldots\ldots\ldots\ldots \end{aligned} \tag{34b}$$

$$\underline{III.1.} \quad \begin{aligned} \overline{v}_1^a - \overline{v}_1^b &= 0 \\ \overline{v}_1^a - \overline{v}_1^c &= 0 \\ \ldots\ldots & \\ \overline{v}_1^a - \overline{v}_1^i &= 0 \\ \ldots\ldots & \\ \overline{v}_1^a - \overline{v}_1^r &= 0 \end{aligned} \tag{34c}$$

$$\underline{III.2.} \quad \begin{aligned} \overline{v}_2^a - \overline{v}_2^b &= 0 \\ \overline{v}_2^a - \overline{v}_2^c &= 0 \\ \ldots\ldots & \\ \overline{v}_2^a - \overline{v}_2^i &= 0 \\ \ldots\ldots & \\ \overline{v}_2^a - \overline{v}_2^r &= 0 \end{aligned}$$

$$\vdots \quad \vdots \quad \vdots$$

$$\underline{III.e.} \quad \begin{aligned} \overline{v}_e^a - \overline{v}_e^b &= 0 \\ \overline{v}_e^a - \overline{v}_e^c &= 0 \\ \ldots\ldots & \\ \overline{v}_e^a - \overline{v}_e^i &= 0 \\ \ldots\ldots & \\ \overline{v}_e^a - \overline{v}_e^r &= 0 \end{aligned} \quad (34c$$

$$\vdots \quad \vdots \quad \vdots$$

$$\underline{III.n.} \quad \begin{aligned} \overline{v}_n^a - \overline{v}_n^b &= 0 \\ \overline{v}_n^a - \overline{v}_n^c &= 0 \\ \ldots\ldots & \\ \overline{v}_n^a - \overline{v}_n^i &= 0 \\ \ldots\ldots & \\ \overline{v}_n^a - \overline{v}_n^r &= 0 \end{aligned}$$

Die Beobachtungen $\overline{L}_e^i$ mit den Verbesserungen $\overline{v}_e^i$, $i = a, b, \ldots r$, $e = 1, 2 \ldots$, erhalten entsprechend dem Eggertschen Verfahren das Gewicht

$$\overline{p}_e^i$$

wobei gilt

$$\sum_{i=a}^{r} \overline{p}_e^i = 1; \quad \text{für jedes } e \quad e = 1, 2, \ldots \tag{34d}$$

(Selbstverständlich darf keines der Gewichte $\overline{p}_e^i$ gleich Null gewählt werden.)

Die Gewichte der anderen Beobachtungen seien vorläufig gleich eins. In ausführlicher Form bedeutet z. B.

$$[a^1v^a] = a_1^1v_1^a + a_2^1v_2^a + a_3^1v_3^a + \ldots$$
$$[\overline{z}^1\overline{v}^b] = \overline{z}_1^1\overline{v}_1^b + \overline{z}_2^1\overline{v}_2^b + \overline{z}_3^1\overline{v}_3^b + \ldots$$

Wir stellen nun aus den Bedingungsgleichungen (34a), (34b), (34c), (34d) die Normalgleichungen auf. Wir greifen die den Normalgleichungen (31) und (32) analogen heraus und erhalten:

$$
\begin{aligned}
&\left[\frac{\bar{i}^1\bar{a}^1}{\bar{p}^b}\right] K_{a.1} + \left[\frac{\bar{i}^1\bar{a}^2}{\bar{p}^b}\right] K_{a.2} + \ldots \\
+ &\left[\frac{\bar{i}^1\bar{b}^1}{\bar{p}^b}\right] K_{b.1} + \left[\frac{\bar{i}^1\bar{b}^2}{\bar{p}^b}\right] K_{b.2} + \ldots \\
&\ldots\ldots\ldots\ldots\ldots\ldots\ldots\ldots\ldots\ldots \\
+ &\left\{[i^1 i^1] + \left[\frac{\bar{i}^1\bar{i}^1}{\bar{p}^b}\right]\right\} K_{i.1} + \left\{[i^1 i^2] + \left[\frac{\bar{i}^1\bar{i}^2}{\bar{p}^b}\right]\right\} K_{i.2} + \ldots \\
&\ldots\ldots\ldots\ldots\ldots\ldots\ldots\ldots\ldots\ldots \\
+ &\left[\frac{\bar{i}^1\bar{r}^1}{\bar{p}^b}\right] K_{r.1} + \left[\frac{\bar{i}^1\bar{r}^2}{\bar{p}^b}\right] K_{r.2} + \ldots \\
+ &\left\{[i^1 z^{1.i}] + \left[\frac{\bar{i}^1\bar{z}^1}{\bar{p}^b}\right]\right\} K_{z.1} + \left\{[i^1 z^{2.i}] + \left[\frac{\bar{i}^1\bar{z}^2}{\bar{p}^b}\right]\right\} K_{z.2} + \left\{[i^1 z^{3.i}] + \left[\frac{\bar{i}^1\bar{z}^3}{\bar{p}^b}\right]\right\} K_{z.3} + \ldots \\
- &\frac{\bar{i}^1_1}{\bar{p}^b_1}\,\bar{K}_{b.1} - \frac{\bar{i}^1_2}{\bar{p}^b_2}\,\bar{K}_{b.2} - \ldots - \frac{\bar{i}^1_e}{\bar{p}^b_e}\,\bar{K}_{b.e} - \ldots - \frac{\bar{i}^1_n}{\bar{p}^b_n}\,\bar{K}_{b.n} - w^i_1 = 0
\end{aligned}
\tag{35}
$$

$$
\begin{aligned}
&\left\{[z^{2.a} a^1] + \left[\frac{\bar{z}^2\bar{a}^1}{\bar{p}^b}\right]\right\} K_{a.1} + \left\{[z^{2.a} a^2] + \left[\frac{\bar{z}^2\bar{a}^2}{\bar{p}^b}\right]\right\} K_{a.2} + \ldots \\
+ &\left\{[z^{2.b} b^1] + \left[\frac{\bar{z}^2\bar{b}^1}{\bar{p}^b}\right]\right\} K_{b.1} + \left\{[z^{2.b} b^2] + \left[\frac{\bar{z}^2\bar{b}^2}{\bar{p}^b}\right]\right\} K_{b.2} + \ldots \\
&\ldots\ldots\ldots\ldots\ldots\ldots\ldots\ldots\ldots\ldots \\
+ &\left\{[z^{2.i} i^1] + \left[\frac{\bar{z}^2\bar{i}^1}{\bar{p}^b}\right]\right\} K_{i.1} + \left\{[z^{2.i} i^2] + \left[\frac{\bar{z}^2\bar{i}^2}{\bar{p}^b}\right]\right\} K_{i.2} + \ldots \\
&\ldots\ldots\ldots\ldots\ldots\ldots\ldots\ldots\ldots\ldots \\
+ &\left\{[z^{2.r} r^1] + \left[\frac{\bar{z}^2\bar{r}^1}{\bar{p}^b}\right]\right\} K_{r.1} + \left\{[z^{2.r} r^2] + \left[\frac{\bar{z}^2\bar{r}^2}{\bar{p}^b}\right]\right\} K_{r.2} + \ldots \\
+ &\left\{[z^{2.a} z^{1.a}] + [z^{2.b} z^{1.b}] + \ldots + [z^{2.r} z^{1.r}] + \left[\frac{\bar{z}^2\bar{z}^1}{\bar{p}^b}\right]\right\} K_{z.1} \\
+ &\left\{[z^{2.a} z^{2.a}] + [z^{2.b} z^{2.b}] + \ldots + [z^{2.r} z^{2.r}] + \left[\frac{\bar{z}^2\bar{z}^2}{\bar{p}^b}\right]\right\} K_{z.2} + \ldots \\
- &\frac{\bar{z}^2_1}{\bar{p}^b_1}\,\bar{K}_{b.1} - \frac{\bar{z}^2_2}{\bar{p}^b_2}\,\bar{K}_{b.2} - \ldots - \frac{\bar{z}^2_e}{\bar{p}^b_e}\,\bar{K}_{b.e} - \ldots - \frac{\bar{z}^2_n}{\bar{p}^b_n}\,\bar{K}_{b.n} - w^z_2 = 0
\end{aligned}
\tag{36}
$$

Wir geben ferner die auf die Bedingungsgleichungen der Unterabteilung *III.e.* bezüglichen Normalgleichungen an.

Setzen wir:

$$
\begin{aligned}
\Psi_e = &- \frac{\bar{a}^1_e}{\bar{p}^b_e} K_{a.1} - \frac{\bar{a}^2_e}{\bar{p}^b_e} K_{a.2} - \ldots \\
&- \frac{\bar{b}^1_e}{\bar{p}^b_e} K_{b.1} - \frac{\bar{b}^2_e}{\bar{p}^b_e} K_{b.2} - \ldots \\
&\ldots\ldots\ldots\ldots\ldots\ldots \\
&- \frac{\bar{i}^1_e}{\bar{p}^b_e} K_{i.1} - \frac{\bar{i}^2_e}{\bar{p}^b_e} K_{i.2} - \ldots \\
&\ldots\ldots\ldots\ldots\ldots\ldots \\
&- \frac{\bar{r}^1_e}{\bar{p}^b_e} K_{r.1} - \frac{\bar{r}^2_e}{\bar{p}^b_e} K_{r.2} - \ldots \\
&- \frac{\bar{z}^1_e}{\bar{p}^b_e} K_{z.1} - \frac{\bar{z}^2_e}{\bar{p}^b_e} K_{z.2} - \ldots
\end{aligned}
\tag{37}
$$

So ergibt sich:

$$\begin{aligned} \Psi_e + \left\{\frac{1}{\overline{p}_e^a} + \frac{1}{\overline{p}_e^b}\right\} \overline{K}_{b.e} + \frac{1}{\overline{p}_e^a} \overline{K}_{c.e} + \frac{1}{\overline{p}_e^a} \overline{K}_{d.e} + \ldots + \frac{1}{\overline{p}_e^a} \overline{K}_{r.e} &= 0 \\ + \frac{1}{\overline{p}_e^a} \overline{K}_{b.e} + \left\{\frac{1}{\overline{p}_e^a} + \frac{1}{\overline{p}_e^c}\right\} \overline{K}_{c.e} + \frac{1}{\overline{p}_e^a} \overline{K}_{d.e} + \ldots + \frac{1}{\overline{p}_e^a} \overline{K}_{r.e} &= 0 \\ + \frac{1}{\overline{p}_e^a} \overline{K}_{b.e} + \frac{1}{\overline{p}_e^a} \overline{K}_{c.e} + \left\{\frac{1}{\overline{p}_e^a} + \frac{1}{\overline{p}_e^d}\right\} \overline{K}_{d.e} + \ldots + \frac{1}{\overline{p}_e^a} \overline{K}_{r.e} &= 0 \\ \ldots\ldots\ldots\ldots\ldots\ldots\ldots\ldots\ldots\ldots \\ + \frac{1}{\overline{p}_e^a} \overline{K}_{b.e} + \frac{1}{\overline{p}_e^a} \overline{K}_{c.e} + \frac{1}{\overline{p}_e^a} \overline{K}_{d.e} + \ldots + \left\{\frac{1}{\overline{p}_e^a} + \frac{1}{\overline{p}_e^r}\right\} \overline{K}_{r.e} &= 0 \end{aligned} \tag{38}$$

Das Normalgleichungssystem (38) besteht aus ($\varrho - 1$) Gleichungen, wenn ϱ die Anzahl der Teilsysteme ist. Mit Hilfe dieses Gleichungssystems (38) werden die Korrelaten

$$\overline{K}_{b.1},\ \overline{K}_{b.2},\ \ldots,\ \overline{K}_{b.e},\ \ldots\ \overline{K}_{b.n}$$

in den Gleichungen (35) und (36) eliminiert.

Wir finden mit Hilfe von (38), wenn wir die dritte Gleichung von der zweiten subtrahieren, dann die vierte Gleichung von der dritten, usw.:

$$\begin{aligned} \frac{1}{\overline{p}_e^c} \overline{K}_{c.e} - \frac{1}{\overline{p}_e^d} \overline{K}_{d.e} &= 0 \\ &\vdots \\ \frac{1}{\overline{p}_e^{r-1}} \overline{K}_{(r-1).e} - \frac{1}{\overline{p}_e^r} \overline{K}_{r.e} &= 0 \end{aligned} \tag{39}$$

Allgemein:

$$\frac{1}{\overline{p}_e^{i-1}} \overline{K}_{(i-1).e} - \frac{1}{\overline{p}_e^i} \overline{K}_{i.e} = 0 \qquad i = d \ldots r \tag{40}$$

oder:

$$\overline{K}_{i.e} = \frac{\overline{p}_e^i}{\overline{p}_e^{i-1}} \overline{K}_{(i-1).e} \qquad i = d \ldots r \tag{41}$$

Gleichung (41) stellt eine Rekursionsformel dar. Durch wiederholtes Anwenden von (41) erkennen wir leicht:

$$\overline{K}_{i.e} = \frac{\overline{p}_e^i}{\overline{p}_e^r} \overline{K}_{r.e} \qquad i = c,\ d \ldots r \tag{42}$$

Wir greifen nun die letzte Gleichung des Systems (38) heraus und drücken mit Hilfe der Gleichung (42) die Korrelaten

$\overline{K}_{i.e}$ $\qquad$ $i = c,\ d \ldots r$

durch

$\overline{K}_{r.e}$ $\qquad$ aus.

Es ergibt sich:

$$\begin{aligned} &\frac{1}{\overline{p}_e^a} \overline{K}_{b.e} + \frac{\overline{p}_e^c}{\overline{p}_e^a \cdot \overline{p}_e^r} \overline{K}_{r.e} + \frac{\overline{p}_e^d}{\overline{p}_e^a \cdot \overline{p}_e^r} \overline{K}_{r.e} + \ldots + \\ &+ \frac{\overline{p}_e^{(r-1)}}{\overline{p}_e^a \cdot \overline{p}_e^r} \cdot \overline{K}_{r.e} + \left\{\frac{1}{\overline{p}_e^a} + \frac{1}{\overline{p}_e^r}\right\} \overline{K}_{r.e} = 0 \end{aligned}$$

Wir bringen die Korrelate

$$\overline{K}_{b.e}$$

allein auf eine Seite und erhalten

$$-\overline{K}_{b.e} = \frac{1}{\overline{p}_e^r}\,\overline{K}_{r.e}\sum_{i=c}\overline{p}_e^i + \frac{\overline{p}_e^a}{\overline{p}_e^r}\,\overline{K}_{r.e}$$

$$-\overline{K}_{b.e} = \frac{1}{\overline{p}_e^r}\,\overline{K}_{r.e}\sum_{i=a}^{r}\overline{p}_e^i - \frac{\overline{p}_e^b}{\overline{p}_e^r}\,\overline{K}_{r.e}$$

und mit Gleichung (34d)

$$-\overline{K}_{b.e} = \frac{\overline{K}_{r.e}}{\overline{p}_e^r}(1 - \overline{p}_e^b)$$

$$\overline{K}_{r.e} = \overline{K}_{b.e}\frac{\overline{p}_e^r}{\overline{p}_e^b - 1} \tag{43}$$

Wir greifen jetzt die erste Gleichung des Systems (38) heraus, ersetzen mit Hilfe von Gleichung (42) $\overline{K}_{c.e}$, $\overline{K}_{d.e} \ldots \overline{K}_{(r-1).e}$ durch $\overline{K}_{r.e}$ und erhalten:

$$\Psi_e + \left\{\frac{1}{\overline{p}_e^a} + \frac{1}{\overline{p}_e^b}\right\}\overline{K}_{b.e} + \frac{\overline{K}_{r.e}}{\overline{p}_e^a\cdot\overline{p}_e^r}\sum_{i=a}^{r}\overline{p}_e^i - \frac{\overline{K}_{r.e}}{\overline{p}_e^a\cdot\overline{p}_e^r}(\overline{p}_e^a + \overline{p}_e^b) = 0$$

$$\Psi_e + \left\{\frac{1}{\overline{p}_e^a} + \frac{1}{\overline{p}_e^b}\right\}\overline{K}_{b.e} + \frac{\overline{K}_{r.e}}{\overline{p}_e^a\cdot\overline{p}_e^r}\{1 - \overline{p}_e^a - \overline{p}_e^b\} = 0$$

und mit Gleichung (43) nach einfachen Umformungen

$$\Psi_e + \overline{K}_{b.e}\frac{1}{\overline{p}_e^b(1 - \overline{p}_e^b)} = 0 \tag{44}$$

Wir multiplizieren (44) mit

$$\overline{i}_e^1\{1 - \overline{p}_e^b\}$$

und summieren über e, $e = 1, 2 \ldots n$. Es ergibt sich:

$$\sum_{e=1}^{n}\Psi_e\overline{i}_e^1(1 - \overline{p}_e^b) + \sum_{e=1}^{n}\overline{K}_{b.e}\frac{\overline{i}_e^1}{\overline{p}_e^b} = 0 \tag{45}$$

Addieren wir Gleichung (45) zu Gleichung (35), so erhalten wir Gleichung (31). Multiplizieren wir Gleichung (44) auf beiden Seiten mit

$$\overline{z}_e^2\{1 - \overline{p}_e^b\}$$

und summieren wir über alle Indizes e, $e = 1, 2 \ldots n$, so ergibt sich:

$$\sum_{e=1}^{n}\Psi_e\cdot\overline{z}_e^2(1 - \overline{p}_e^b) + \sum_{e=1}^{n}\overline{K}_{b.e}\frac{\overline{z}_e^2}{\overline{p}_e^b} = 0 \tag{46}$$

Addieren wir Gleichung (46) zur Gleichung (36), so erhalten wir wieder die Gleichung (32).

Man erkennt folgendes:

Die Korrelaten

$$K_{i.e} \qquad \begin{array}{l} i = a, b, c \ldots r, z \\ e = 1, 2, \ldots \end{array}$$

bezüglich des Systems (34a—d), Abteilungen I und II, sind gleich den Korrelaten

$$K_{i.e} \qquad \begin{array}{l} i = a, b, c, \ldots r, z \\ e = 1, 2, \ldots \end{array}$$

des Systems (30); denn diese Korrelaten befriedigen identische Systeme von linearen Gleichungen.

Über die Werte der Korrelaten

$$\bar{K}_{i.e} \qquad \begin{matrix} i = b,\ c,\ d\ \ldots\ r \\ e = 1,\ 2,\ \ldots \end{matrix}$$

bezüglich der Abteilung III im System (34a—d) brauchen keine weiteren Aussagen gemacht zu werden, weil diese für die anschließende Beweisführung keine Bedeutung haben.

Hieraus folgt die völlige Gleichwertigkeit der beiden Systeme von Bedingungsgleichungen (34a—d) und (30); denn $[vvp]$ ist in beiden Systemen gleichgroß, weil $[wK]$ es ist, und weil die Systeme von Bedingungsgleichungen (34a—d) und (30) den Verbesserungen gleichwertige Bedingungen auferlegen. Es handelt sich also um zwei gleichwertige Minimumaufgaben mit Nebenbedingungen. Weil ferner das System (34a—d) dem System (33a—d) gleichwertig ist, ist somit der Beweis erbracht, daß die Ausgleichung der Systeme (30) und (33a—d) die gleichen Verbesserungen für entsprechende Beobachtungen liefert.

C. Zurückführung des Eggertschen Verfahrens auf das Krügersche Zweigruppenverfahren

Die Auflösung des zu dem Bedingungsgleichungssystem (33a—d) gehörigen Normalgleichungssystems erfolgt bei Eggert nach einer dem Eggertschen Verfahren eigentümlichen Variante des Krügerschen Zweigruppenverfahrens. Zum Beweis der Richtigkeit dieser Eggertschen Methode brauchen wir uns nicht des Gleichungssystems (33a—d) zu bedienen, sondern zur Vereinfachung der mathematischen Ableitungen nehmen wir ein normales, allgemein gestaltetes System von Normalgleichungen an. Wir wollen nur noch bemerken, daß beim Eggertschen Verfahren die erste Gruppe aus den Bedingungsgleichungen der Abteilung (33a) mit den Unterabteilungen

$$I'.a.,\ I'.b.,\ \ldots,\ I'.i.,\ \ldots,\ I'.r.$$

besteht und daß diesen Unterabteilungen die Teilsysteme

$$T_a,\ T_b,\ \ldots,\ T_i,\ \ldots,\ T_r \quad \text{entsprechen.}$$

Die zweite Gruppe im Sinne des Krügerschen Zweigruppenverfahrens setzt sich aus den Abteilungen (33b) und (33c) mit der durch (33d) gegebenen Gewichtsfestsetzung zusammen. Wenn beim Eggertschen Verfahren die 1. Gruppe — (33a) — in r voneinander unabhängige Teilsysteme zerfällt, so ist das nur eine Spezialisierung des allgemeinen Krügerschen Zweigruppenverfahrens, die erhebliche rechentechnische Vereinfachungen mit sich bringt und auf die wir später im Teil III, Kapitel B, zurückkommen werden.

Es sei also das folgende aus zwei Gruppen bestehende System von Normalgleichungen nach dem Krügerschen Zweigruppenverfahren aufzulösen.

$$\left.\begin{aligned}
&[aa]\,K_1 + [ab]\,K_2 + \ldots + [ar]\,K_r + [a\bar{A}]\,K_I + [a\bar{B}]\,K_{II} + \ldots + [a\bar{R}]\,K_R - w_a = 0 \\
&[ba]\,K_1 + [bb]\,K_2 + \ldots + [br]\,K_r + [b\bar{A}]\,K_I + [b\bar{B}]\,K_{II} + \ldots + [b\bar{R}]\,K_R - w_b = 0 \\
&\ldots\ldots\ldots\ldots\ldots\ldots\ldots\ldots\ldots\ldots\ldots\ldots\ldots\ldots \\
&[ra]\,K_1 + [rb]\,K_2 + \ldots + [rr]\,K_r + [r\bar{A}]\,K_I + [r\bar{B})\,K_{II} + \ldots + [r\bar{R}]\,K_R - w_r = 0
\end{aligned}\right\} \quad (47\,\mathrm{a})$$

$$\left.\begin{aligned}
&[\bar{A}a]\,K_1 + [\bar{A}b]\,K_2 + \ldots + [\bar{A}r]\,K_r + [\bar{A}\bar{A}]\,K_I + [\bar{A}\bar{B}]\,K_{II} + \ldots + [\bar{A}\bar{R}]\,K_R - w_A = 0 \\
&[\bar{B}a]\,K_1 + [\bar{B}b]\,K_2 + \ldots + [\bar{B}r]\,K_r + [\bar{B}\bar{A}]\,K_I + [\bar{B}\bar{B}]\,K_{II} + \ldots + [\bar{B}\bar{R}]\,K_R - w_B = 0 \\
&\ldots\ldots\ldots\ldots\ldots\ldots\ldots\ldots\ldots\ldots\ldots\ldots\ldots\ldots \\
&[\bar{R}a]\,K_1 + [\bar{R}b]\,K_2 + \ldots + [\bar{R}r]\,K_r + [\bar{R}\bar{A}]\,K_I + [\bar{R}\bar{B}]\,K_{II} + \ldots + [\bar{R}\bar{R}]\,K_R - w_R = 0
\end{aligned}\right\} \quad (47\,\mathrm{b})$$

(Zwischen gleichen Symbolen in diesem Kapitel C und in anderen Kapiteln der vorliegenden Arbeit besteht kein unmittelbarer Zusammenhang.) Gleicht man zunächst die erste Gruppe (47a) aus und setzt dabei

$$K_I = K_{II} = \ldots = K_R = 0,$$

so ergeben sich numerische Werte für die vorläufigen Korrelaten

$$K_1', \; K_2', \; \ldots, \; K_r'$$

und für die vorläufigen Verbesserungen

$$v_1', \; v_2', \; \ldots, \; v_n'.$$

Den Bedingungsgleichungen der zweiten Gruppe (47b) wird nach EGGERT in impliziter Form folgende Gestalt gegeben:

$$\begin{aligned} \Omega_A (\Phi_1, \Phi_2, \ldots, \Phi_m) &= 0 \\ \Omega_B (\Phi_1, \Phi_2, \ldots, \Phi_m) &= 0 \\ \cdots\cdots\cdots\cdots \\ \Omega_R (\Phi_1, \Phi_2, \ldots, \Phi_m) &= 0 \end{aligned} \tag{48}$$

Die

$$\Phi_1, \; \Phi_2, \; \ldots, \; \Phi_m$$

sind Funktionen von

$$L_1 + v_1, \; L_2 + v_2, \; \ldots, \; L_e + v_e, \; \ldots, \; L_n + v_n$$

L_e sind die Beobachtungen und v_e die Gesamtverbesserungen, die an die Beobachtungen L_e anzubringen sind. Die Beobachtungen L_e kommen im allgemeinen in den Bedingungsgleichungen beider Gruppen (47a) und (47b) vor.

Es ist also:

$$\begin{aligned} \Phi_1 &= \Lambda_1 (L_1 + v_1, \; L_2 + v_2, \; \ldots \; L_n + v_n) \\ \Phi_2 &= \Lambda_2 (L_1 + v_1, \; L_2 + v_2, \; \ldots \; L_n + v_n) \\ &\cdots\cdots\cdots\cdots \quad m > R \\ \Phi_m &= \Lambda_m (L_1 + v_1, \; L_2 + v_2, \; \ldots, \; L_n + v_n) \end{aligned} \tag{49}$$

$\Phi_1, \Phi_2 \ldots \Phi_m$ sind also die Werte der Funktionen Λ nach der Gesamtausgleichung. Sie werden aus den endgültig ausgeglichenen Beobachtungen errechnet. Mit

$$\Phi_1', \; \Phi_2', \; \ldots \; \Phi_m'$$

bezeichnen wir die Werte dieser Funktionen nach der Ausgleichung der Teilsysteme T_i, $i = a, b \ldots r$, also nach der Ausgleichung der ersten Gruppe im Sinne des Krügerschen Zweigruppenverfahrens.

Folglich ist:

$$\begin{aligned} \Phi_1' &= \Lambda_1 (L_1 + v_1', \; L_2 + v_2', \; \ldots, \; L_n + v_n') \\ \Phi_2' &= \Lambda_2 (L_1 + v_1', \; L_2 + v_2', \; \ldots, \; L_n + v_n') \quad m > R \\ &\cdots\cdots\cdots\cdots \\ \Phi_m' &= \Lambda_m (L_1 + v_1', \; L_2 + v_2', \; \ldots, \; L_n + v_n') \end{aligned} \tag{50}$$

Wir haben ferner:

$$\begin{aligned} \Phi_1^0 &= \Lambda_1 (L_1, \; L_2, \; \ldots, \; L_n) \\ \Phi_2^0 &= \Lambda_2 (L_1, \; L_2, \; \ldots, \; L_n) \\ &\cdots\cdots\cdots \\ \Phi_m^0 &= \Lambda_m (L_1, \; L_2, \; \ldots, \; L_n) \end{aligned} \tag{51}$$

Φ^0 ist die sogenannte „beobachtete" Funktion, d. h. sie wurde aus den unmittelbar beobachteten Messungswerten gebildet.

Es bezeichnen im folgenden

$$\Delta\Phi_1, \; \Delta\Phi_2, \; \ldots, \; \Delta\Phi_m$$

die Zuschläge, die wir bei den Werten

$$\Phi_1', \; \Phi_2', \; \ldots, \; \Phi_m'$$

anbringen müssen, um die endgültigen Werte

$$\Phi_1, \ \Phi_2, \ \ldots, \ \Phi_m$$

zu erhalten. Also

$$\begin{aligned} \Phi_1 &= \Phi_1' + \Delta\Phi_1 \\ \Phi_2 &= \Phi_2' + \Delta\Phi_2 \\ &\cdots\cdots \\ \Phi_m &= \Phi_m' + \Delta\Phi_m \end{aligned} \tag{52}$$

Wir machen die Bedingungsgleichungen (48) linear und erhalten:

$$\begin{aligned} A_1\,\Delta\Phi_1 + A_2\,\Delta\Phi_2 + \ldots + A_m\,\Delta\Phi_m - W_A &= 0 \\ B_1\,\Delta\Phi_1 + B_2\,\Delta\Phi_2 + \ldots + B_m\,\Delta\Phi_m - W_B &= 0 \\ \cdots\cdots\cdots\cdots\cdots\cdots \\ R_1\,\Delta\Phi_1 + R_2\,\Delta\Phi_2 + \ldots + R_m\,\Delta\Phi_m - W_R &= 0 \end{aligned} \tag{53}$$

Es ist in (53):

$$\begin{aligned} A_u &= \frac{\partial\Omega_A}{\partial\Phi_u} \\ B_u &= \frac{\partial\Omega_B}{\partial\Phi_u} \qquad\qquad u = 1, \ 2 \ldots m \\ &\cdots\cdots \\ R_u &= \frac{\partial\Omega_R}{\partial\Phi_u} \end{aligned} \tag{54}$$

Für die Widersprüche in (53) gilt:

$$\begin{aligned} -W_A &= \Omega_A\,(\Phi_1', \ \Phi_2', \ \ldots, \ \Phi_m') \\ -W_B &= \Omega_B\,(\Phi_1', \ \Phi_2', \ \ldots, \ \Phi_m') \\ &\cdots\cdots\cdots\cdots \\ -W_R &= \Omega_R\,(\Phi_1', \ \Phi_2', \ \ldots, \ \Phi_m') \end{aligned} \tag{55}$$

Bei der Berechnung der Widersprüche W_A, W_B, ..., W_R haben wir also an den Beobachtungen schon die vorläufigen Verbesserungen v_e', die sich aus der Ausgleichung der Teilsysteme ergeben, angebracht.

Für die Differentiale $\Delta\Phi_u$ der Funktionen Λ_u, die in (53) erscheinen, gilt folgende Entwicklung nach den Verbesserungen v_e'':

$$\Delta\Phi_u = \frac{\partial\Lambda_u}{\partial L_1} v_1'' + \frac{\partial\Lambda_u}{\partial L_2} v_2'' + \ldots + \frac{\partial\Lambda_u}{\partial L_n} v_n''$$

$$u = 1, \ 2, \ \ldots \ m$$

Es ist

$$v_e - v_e' = v_e''$$

Setzen wir

$$\frac{\partial\Lambda_u}{\partial L_e} = f_e^u \qquad\qquad \begin{aligned} u &= 1, \ 2 \ldots m \\ e &= 1, \ 2 \ldots n \end{aligned} \tag{56}$$

so erhalten wir:

$$\Delta\Phi_u = f_1^u v_1'' + f_2^u v_2'' + \ldots + f_e^u v_e'' + \ldots + f_n^u v_n'' \tag{57}$$

Wir wollen noch die in (57) auftretende Summe abgekürzt schreiben und erhalten

$$\Delta\Phi_u = [f^u v''] \qquad\qquad u = 1, \ 2, \ \ldots, \ m \tag{58}$$

Setzen wir (57) in (53) ein, so erhalten wir die Bedingungsgleichungen der 2. Gruppe in der Form, wie sie normalerweise bei der Ausgleichung nach der Methode der kleinsten Quadrate gebraucht werden, nämlich in der Entwicklung nach den Verbesserungen der unabhängigen Beobachtungen.

Wir finden also die folgenden Bedingungsgleichungen der zweiten Gruppe:

$$\begin{aligned} [\bar{A}\, v''] - W_A &= 0 \\ [\bar{B}\, v''] - W_B &= 0 \\ \dots\dots\dots & \\ [\bar{R}\, v''] - W_R &= 0 \end{aligned} \tag{59}$$

Die Koeffizienten in den Bedingungsgleichungen (59) bedeuten im einzelnen:

$$\begin{aligned} \bar{A}_1 &= [A_u\, f_1^u],\ \bar{A}_2 = [A_u\, f_2^u],\ \dots,\ \bar{A}_n = [A_u\, f_n^u] \\ \bar{B}_1 &= [B_u\, f_1^u],\ \bar{B}_2 = [B_u\, f_2^u],\ \dots,\ \bar{B}_n = [B_u\, f_n^u] \\ \dots\dots\dots & \\ \bar{R}_1 &= [R_u\, f_1^u],\ \bar{R}_2 = [R_u\, f_2^u],\ \dots,\ \bar{R}_n = [R_u\, f_n^u] \end{aligned} \tag{60}$$

Die Summation in den Gleichungen (60) findet über den Index u statt, und zwar in dem Bereich von $u = 1, 2, \dots, m$.

Das ϱ-mal reduzierte Gleichungssystem (47a), (47b) lautet dann, wenn ϱ die Ordnungszahl der Stelle im Alphabet ist, an der r erscheint:

$$\begin{aligned} [\bar{A}\bar{A} \cdot \varrho]\, K_I + [\bar{A}\bar{B} \cdot \varrho]\, K_{II} + \dots + [\bar{A}\bar{R} \cdot \varrho]\, K_R - W_A &= 0 \\ [\bar{B}\bar{A} \cdot \varrho]\, K_I + [\bar{B}\bar{B} \cdot \varrho]\, K_{II} + \dots + [\bar{B}\bar{R} \cdot \varrho]\, K_R - W_B &= 0 \\ \dots\dots\dots & \\ [\bar{R}\bar{A} \cdot \varrho]\, K_I + [\bar{R}\bar{B} \cdot \varrho]\, K_{II} + \dots + [\bar{R}\bar{R} \cdot \varrho]\, K_R - W_R &= 0 \end{aligned} \tag{61}$$

Für das Eggertsche Verfahren ist der Berechnungsgang für die Koeffizienten der ϱ-mal reduzierten Normalgleichungen (61) charakteristisch. Die Bedingungsgleichungen der zweiten Gruppe werden nämlich nach EGGERT nicht bis zur Form (59) entwickelt, sondern nur bis zur Form (53). Dann werden sämtliche, auch die gemischten Gewichtskoeffizienten für die Funktionen Λ_1, $\Lambda_2, \dots \Lambda_m$, wie sie sich nach der Ausgleichung der ersten Gruppe ergeben, berechnet. Es sei ferner:

$$\Delta\Phi_u'$$

der Zuschlag, der bei dem Wert Φ_u^0 angebracht werden muß, um zu dem Wert Φ_u', der sich aus der Ausgleichung der ersten Gruppe ergibt, zu gelangen. Also

$$\Phi_u^0 + \Delta\Phi_u' = \Phi_u' \qquad u = 1, 2 \dots m$$

Dann gelten für die $\Delta\Phi_u'$ die folgenden Entwicklungen nach den Verbesserungen v_e' der unabhängigen Beobachtungen L_e

$$\begin{aligned} \Delta\Phi_1' &= \alpha_1\, v_1' + \alpha_2\, v_2' + \dots + \alpha_n\, v_n' = [\alpha v'] \\ \Delta\Phi_2' &= \beta_1\, v_1' + \beta_2\, v_2' + \dots + \beta_n\, v_n' = [\beta v'] \\ \dots\dots\dots & \\ \Delta\Phi_m' &= \mu_1\, v_1' + \mu_2\, v_2' + \dots + \mu_n\, v_n' = [\mu v'] \end{aligned} \tag{62}$$

Die im Anschluß an die Ausgleichung der ersten Gruppe berechneten Gewichtskoeffizienten lauten dann

$$\begin{matrix} [\alpha\alpha] & [\alpha\beta] & \dots & [\alpha\mu] \\ [\beta\alpha] & [\beta\beta] & \dots & [\beta\mu] \\ \dots & \dots & \dots & \dots \\ [\mu\alpha] & [\mu\beta] & \dots & [\mu\mu] \end{matrix} \tag{63}$$

Wir bilden für die Funktionen

$$\Phi_1,\ \Phi_2,\ \dots\ \Phi_m$$

die folgenden Entwicklungen (64) nach den fingierten Verbesserungen

$$\lambda_1,\ \lambda_2,\ \dots\ \lambda_m$$

mit dem Gewicht $p = 1$

$$
\begin{aligned}
\Phi_1 &= \Phi_1' + \alpha_1' \lambda_1 + \alpha_2' \lambda_2 + \ldots + \alpha_m' \lambda_m = \Phi_1' + [\alpha'\lambda] \\
\Phi_2 &= \Phi_2' + \qquad + \beta_2' \lambda_2 + \ldots + \beta_m' \lambda_m = \Phi_2' + [\beta'\lambda] \\
&\ldots\ldots\ldots\ldots\ldots\ldots \\
\Phi_m &= \Phi_m' + \qquad\qquad \mu_m' \lambda_m = \Phi_m' + [\mu'\lambda]
\end{aligned}
\tag{64}
$$

Mit (52) erhalten wir aus (64):

$$
\begin{aligned}
\Delta\Phi_1 &= [\alpha'\lambda] \\
\Delta\Phi_2 &= [\beta'\lambda] \\
&\ldots\ldots \\
\Delta\Phi_m &= [\mu'\lambda]
\end{aligned}
\tag{65}
$$

Zur Berechnung der Koeffizienten $\alpha', \beta', \ldots, \mu'$ vergleiche die Systeme (17), (20) und (21).

Mit diesen Ansätzen (65) gehen wir in die Bedingungsgleichungen (53) ein und erhalten folgende neue Bedingungsgleichungen:

$$
\begin{aligned}
&\lambda_1 (A_1 \alpha_1') + \lambda_2 (A_1 \alpha_2' + A_2 \beta_2') + \lambda_3 (A_1 \alpha_3' + A_2 \beta_3' + A_3 \gamma_3') + \ldots \\
&\quad \ldots + \lambda_m (A_1 \alpha_m' + A_2 \beta_m' + \ldots + A_m \mu_m') \qquad - W_A = 0 \\
&\lambda_1 (B_1 \alpha_1') + \lambda_2 (B_1 \alpha_2' + B_2 \beta_2') + \lambda_3 (B_1 \alpha_3' + B_2 \beta_3' + B_3 \gamma_3') + \ldots \\
&\quad \ldots + \lambda_m (B_1 \alpha_m' + B_2 \beta_m' + \ldots + B_m \mu_m') \qquad - W_B = 0 \\
&\ldots\ldots\ldots\ldots\ldots\ldots\ldots\ldots\ldots\ldots \\
&\lambda_1 (R_1 \alpha_1') + \lambda_2 (R_1 \alpha_2' + R_2 \beta_2') + \lambda_3 (R_1 \alpha_3' + R_2 \beta_3' + R_3 \gamma_3') + \ldots \\
&\quad \ldots + \lambda_m (R_1 \alpha_m' + R_2 \beta_m' + \ldots + R_m \mu_m') \qquad - W_R = 0 \\
&\qquad\qquad m > R
\end{aligned}
\tag{66}
$$

Aus diesen Bedingungsgleichungen (66) ergibt sich z. B. die folgende erste Gleichung des Systems von reduzierten Normalgleichungen (61):

$$
\left\{
\begin{aligned}
A_1^2 [\alpha'\alpha'] + 2 A_1 A_2 [\alpha'\beta'] + 2 A_1 A_3 [\alpha'\gamma'] + \ldots + 2 A_1 A_m [\alpha'\mu'] + \\
+ A_2^2 [\beta'\beta'] + 2 A_2 A_3 [\beta'\gamma'] + \ldots + 2 A_2 A_m [\beta'\mu'] + \\
+ A_3^2 [\gamma'\gamma'] + \ldots + 2 A_3 A_m [\gamma'\mu'] + \\
\ldots\ldots\ldots\ldots\ldots\ldots \\
+ A_m^2 [\mu'\mu']
\end{aligned}
\right\} K_I +
$$

$$
+ \left\{
\begin{aligned}
A_1 B_1 [\alpha'\alpha'] + A_1 B_2 [\alpha'\beta'] + A_1 B_3 [\alpha'\gamma'] + \ldots + A_1 B_m [\alpha'\mu'] + \\
+ A_2 B_1 [\beta'\alpha'] + A_2 B_2 [\beta'\beta'] + A_2 B_3 [\beta'\gamma'] + \ldots + A_2 B_m [\beta'\mu'] + \\
+ A_3 B_1 [\gamma'\alpha'] + A_3 B_2 [\gamma'\beta'] + A_3 B_3 [\gamma'\gamma'] + \ldots + A_3 B_m [\gamma'\mu'] + \\
\ldots\ldots\ldots\ldots\ldots\ldots \\
+ A_m B_1 [\mu'\alpha'] + A_m B_2 [\mu'\beta'] + A_m B_3 [\mu'\gamma'] + \ldots + A_m B_m [\mu'\mu']
\end{aligned}
\right\} K_{II} + \ldots
$$

$$
\ldots - W_A = 0 \tag{67}
$$

Die anderen Normalgleichungen des Systems (61) ergeben sich analog.

Es ist nun zu zeigen, daß die Koeffizienten bei den Korrelaten

$$K_I, \ K_{II}, \ \ldots \ K_R$$

in der Gleichung (67) gleich den entsprechenden in dem Gleichungssystem (61) sind. Wir wollen dies nur für den bei K_{II} stehenden Koeffizienten tun; die Herleitungen für die Koeffizienten bei den anderen Korrelaten sind ganz ähnlich. Mit dem Gleichungssystem (20) erhält man für den Klammerausdruck bei K_{II} in der Gleichung (67)

$$
\ldots + \left\{
\begin{aligned}
A_1 B_1 [\alpha\alpha] + A_1 B_2 [\alpha\beta] + A_1 B_3 [\alpha\gamma] + \ldots + A_1 B_m [\alpha\mu] + \\
+ A_2 B_1 [\beta\alpha] + A_2 B_2 [\beta\beta] + A_2 B_3 [\beta\gamma] + \ldots + A_2 B_m [\beta\mu] + \\
+ A_3 B_1 [\gamma\alpha] + A_3 B_2 [\gamma\beta] + A_3 B_3 [\gamma\gamma] + \ldots + A_3 B_m [\gamma\mu] + \\
+ \ldots\ldots\ldots\ldots\ldots\ldots + \\
+ A_m B_1 [\mu\alpha] + A_m B_2 [\mu\beta] + A_m B_3 [\mu\gamma] + \ldots + A_m B_m [\mu\mu] +
\end{aligned}
\right\} K_{II} + \ldots
\tag{68}
$$

Es ist ferner bekanntlich mit (57) und (63), vgl. auch [1], S. 117, [2], S. 477,

$$\begin{aligned} &[\alpha\alpha] = [f^1f^1 \cdot \varrho] \\ &[\alpha\beta] = [f^1f^2 \cdot \varrho] \qquad [\beta\beta] = [f^2f^2 \cdot \varrho] \\ &\ldots\ldots\ldots\ldots\ldots\ldots\ldots\ldots \\ &[\alpha\mu] = [f^1f^m \cdot \varrho] \qquad [\beta\mu] = [f^2f^m \cdot \varrho] \ldots [\mu\mu] = [f^mf^m \cdot \varrho] \end{aligned} \tag{69}$$

Wir bilden nun $[\bar{A}\bar{B}]$ — vgl. (47b), (59) — aus den Gleichungen (60) und finden:

$$\begin{aligned} [\bar{A}\bar{B}] = \; & A_1B_1\,[f^1f^1] + A_1B_2\,[f^1f^2] + \ldots + A_1B_m\,[f^1f^m] + \\ & + A_2B_1\,[f^2f^1] + A_2B_2\,[f^2f^2] + \ldots + A_2B_m\,[f^2f^m] + \\ & \ldots\ldots\ldots\ldots\ldots\ldots\ldots\ldots \\ & + A_mB_1\,[f^mf^1] + A_mB_2\,[f^mf^2] + \ldots + A_mB_m\,[f^mf^m] \end{aligned} \tag{70}$$

oder in kürzerer Form geschrieben:

$$[\bar{A}\bar{B}] = \sum_{u=1}^{m}\sum_{v=1}^{m} A_u B_v\,[f^u f^v] \tag{71}$$

Man findet leicht, daß die folgende allgemein gehaltene Formel Gültigkeit hat:

$$[\bar{D}\bar{E}] = \sum_{u=1}^{m}\sum_{v=1}^{m} D_u E_v\,[f^u f^v] \tag{72}$$

$$D = A,\ B,\ \ldots\ R$$
$$E = A,\ B,\ \ldots\ R$$

Wir wollen auch die Summe

$$[a\bar{A}]$$

angeben, wegen ihrer Bedeutung bei späteren Ableitungen.

Man findet auf einfachem Wege mit (60):

$$[a\bar{A}] = \sum_{e=1}^{n} a_e \sum_{u=1}^{m} A_u f_e^u = \sum_{u=1}^{m} A_u\ [a f^u] \tag{73}$$

Und in allgemein gehaltener Schreibweise gilt, wie wir uns leicht überzeugen können:

$$[d\bar{E}] = \sum_{u=1}^{m} E_u\,[d f^u] \tag{74}$$

$$d = a,\ b,\ \ldots,\ r$$
$$E = A,\ B,\ \ldots,\ R$$

Aus (72) und (74) ergibt sich mit einfachen Mitteln die wichtige Beziehung

$$[\bar{D}\bar{E} \cdot \varrho] = \sum_{u=1}^{m}\sum_{v=1}^{m} D_u E_v\,[f^u f^v \cdot \varrho] \tag{75}$$

$$D = A,\ B,\ \ldots,\ R$$
$$E = A,\ B,\ \ldots,\ R$$

Denn bekanntlich ist:

$$[\bar{D}\bar{E} \cdot 1] = [\bar{D}\bar{E}] - \frac{[a\bar{D}]\,[a\bar{E}]}{[aa]}$$

und mit (72) und (74)

$$[\bar{D}\bar{E} \cdot 1] = \sum_{u=1}^{m}\sum_{v=1}^{m} D_u E_v\,[f^u f^v] - \frac{\sum\limits_{u=1}^{m} D_u\ [a f^u] \sum\limits_{v=1}^{m} E_v\ [a f^v]}{[aa]}$$

$$[\bar{D}\bar{E} \cdot 1] = \sum_{u=1}^{m}\sum_{v=1}^{m} D_u E_v\,[f^u f^v] - \sum_{u=1}^{m}\sum_{v=1}^{m} D_u E_v\,\frac{[a f^u]\,[a f^v]}{[aa]}$$

$$[\bar{D}\bar{E} \cdot 1] = \sum_{u=1}^{m} \sum_{v=1}^{m} D_u E_v \left\{ [f^u f^v] - \frac{[af^u][af^v]}{[aa]} \right\}$$

$$[\bar{D}\bar{E} \cdot 1] = \sum_{u=1}^{m} \sum_{v=1}^{m} D_u E_v [f^u f^v \cdot 1]$$

Wir erkennen hieraus leicht, daß wir durch wiederholte Anwendung der elementaren Formeln für die reduzierten Koeffizienten der Normalgleichungen von der Formel (72) auf die Formel (75) geführt werden.

Wir setzen das System (69) in (68) ein und vergleichen dann den Koeffizienten bei K_{II} in (68) mit (75) bei der Spezialisierung $D = A$, $E = B$. Wir erkennen dann, daß die nach EGGERT gebildeten Normalgleichungen (67) identisch sind mit dem ϱ-mal reduzierten System (61) des Normalgleichungssystems (47a), (47b).

Wenn in diesem Kapitel C (Teil II) die Auflösung der Normalgleichungen der ersten Gruppen nach dem Gaußschen Algorithmus vorausgesetzt wurde, so kann es in der Praxis der Anwendung des Eggertschen Verfahrens zweckmäßiger sein, vom Boltzschen Entwicklungsverfahren Gebrauch zu machen. Bei der Beweisführung dieses Kapitels wurde der Gaußsche Algorithmus angewandt, um den Beweisgang zu verkürzen. Überhaupt unterliegen ja die ersten r-Normalgleichungen (47a) der Spezialisierung, daß sie bei der Ausgleichung der ersten Gruppe, d. h. bei der Ausgleichung der die Teilsysteme darstellenden Netze, in r voneinander unabhängige Teilsysteme zerfallen, vgl. (33a). Hierdurch vereinfacht sich die Ausgleichung der ersten Gruppe außerordentlich.

Es könnte ferner die Meinung auftreten, daß der Beweis in diesem Kapitel C keine allgemeine Beweiskraft habe, weil in den Bedingungsgleichungen der Form (48) der zweiten Gruppe nur Funktionen von Beobachtungen vorkommen, während doch tatsächlich in diesen Bedingungsgleichungen direkte Beobachtungen, z. B. Laplacesche Azimute, auftreten können. Man erkennt leicht, daß dieses nur eine Spezialisierung der allgemeinen durch (48) ausgedrückten Verhältnisse darstellt, indem z. B. eine der Funktionen Λ identisch gleich diesem Laplaceschen Azimut zu setzen ist.

D. Ungleiche Gewichte

Wir wollen auch noch auf den Fall ungleicher Gewichte eingehen. Betrachten wir zu diesem Zweck zunächst das System von Bedingungsgleichungen (30) und (33a—d). Die Bezeichnungen für die zusammengehörigen Beobachtungen, Verbesserungen und Gewichte sind in der nachfolgenden Tafel angegeben:

	Beobachtung	Verbesserung	Gewicht	Intervall
1	L_e^i	v_e^i	p_e^i	$i = a, b, \ldots, r$ $e = 1, 2, \ldots$
2	$\bar{L}_e$	$\bar{v}_e$	$\bar{p}_e$	$e = 1, 2, \ldots$
3	$\bar{\bar{L}}_e^i$	$\bar{\bar{v}}_e^i$	$\bar{\bar{p}}_e^i$	$i = a, b, \ldots, r$ $e = 1, 2, \ldots$

(76)

1. Zeile: Die Beobachtung L_e^i ist die e-te Beobachtung des Teilsystems T_i. Sie erscheint nur in dem Teilsystem T_i und in der Hauptausgleichung. Vgl. (30), (33a—d).

2. Zeile: Die Beobachtung $\bar{L}_e$ bezieht sich auf das System (30). Sie kommt dort möglicherweise in allen Teilsystemen vor, und diese Beobachtungen bewirken es, daß beim Eggertschen Verfahren die sog. Richtungsidentitätsbedingungen eingeführt werden müssen.

3. Zeile: Die Beobachtungen $\bar{L}_e^i$ sind die Substitutionen für die Beobachtungen $\bar{L}_e$ entsprechend dem Eggertschen Verfahren. Es gilt

$$\bar{L}_e^i = \bar{L}_e$$

für jedes i, $i = a, b, \ldots r$.

Bekanntlich können wir bei der Ausgleichung bedingter Beobachtungen den Fall ungleicher Gewichte auf den Fall gleicher Gewichte zurückführen, indem wir die Koeffizienten in den Bedingungsgleichungen durch die Wurzel aus dem entsprechenden Gewicht dividieren. Aus dem System (30) erhält man dann die umgeformten Bedingungsgleichungen, wenn man z. B.

$$\begin{array}{ll} \text{statt: } a_e^1 & \text{setzt: } \dfrac{a_e^1}{\sqrt{p_e^a}} \\ i_e^2 & \dfrac{i_e^2}{\sqrt{p_e^i}} \\ \bar{i}_e^3 & \dfrac{\bar{i}_e^3}{\sqrt{\bar{p}_e}} \\ z_e^{1.i} & \dfrac{z_e^{1.i}}{\sqrt{p_e^i}} \\ \bar{z}_e^1 & \dfrac{\bar{z}_e^1}{\sqrt{\bar{p}_e}} \end{array} \tag{77}$$

usw.

Es bleibt nur noch zu klären, wie beim Eggertschen Verfahren entsprechend dem Gleichungssystem (33a—d) in den einzelnen Teilnetzen T_i die Gewichte derjenigen Beobachtungen festzusetzen sind, die in mehreren Teilnetzen erscheinen und die somit auch in den Richtungsidentitätsbedingungen (33c) auftauchen. Es handelt sich also um Beobachtungen, Verbesserungen und Gewichte, die in der 3. Zeile der Tafel (76) erscheinen.

Wir werden zeigen, daß man im Falle ungleicher Genauigkeit der Beobachtungen $\bar{L}_e$ die Gewichte $\bar{p}_e^i$, vgl. (33d), so festsetzen muß, daß die über alle Teilsysteme erstreckte Summe der Gewichte $\bar{p}_e^i$ gleich $\bar{p}_e$ ist, also gleich dem Gewicht, mit dem die Richtung $\bar{L}_e$, (30) bestimmt wurde.

Folglich muß diese Relation gelten:

$$\sum_{i=a}^{r} \bar{p}_e^i = \bar{p}_e \tag{78}$$

Beweis:

Aus (43) wird mit (78)

$$\bar{K}_{r.e} = \bar{K}_{b.e} \cdot \frac{\bar{p}_e^r}{\bar{p}_e^b - \bar{p}_e} \tag{79}$$

und für (44) erhält man:

$$\Psi_e + \bar{K}_{b.e} \cdot \frac{\bar{p}_e}{(\bar{p}_e - \bar{p}_e^b)\,\bar{p}_e^b} = 0 \tag{80}$$

Wir multiplizieren (80) mit

$$\bar{i}_e^1 \, \frac{\bar{p}_e - \bar{p}_e^b}{\bar{p}_e}$$

und summieren wieder über e,

$$e = 1, 2 \ldots$$

Es ergibt sich:

$$\sum_{e=1}^{n} \Psi_e \cdot \bar{i}_e^1 \cdot \frac{\bar{p}_e - \bar{p}_e^b}{\bar{p}_e} + \sum_{e=1}^{n} \bar{K}_{b.e} \cdot \frac{\bar{i}_e^1}{\bar{p}_e^b} = 0 \tag{81}$$

Bilden wir die Gleichung, in die (35) bei verschiedenen Gewichten mit (76) und (77) übergeht und addieren wir zu ihr (81), so ergibt sich:

$$\begin{aligned}
&\left[\frac{\bar{i}^1\bar{a}^1}{\bar{p}}\right] K_{a.1} + \left[\frac{\bar{i}^1\bar{a}^2}{\bar{p}}\right] K_{a.2} + \dots \\
+ &\left[\frac{\bar{i}^1\bar{b}^1}{\bar{p}}\right] K_{b.1} + \left[\frac{\bar{i}^1\bar{b}^2}{\bar{p}}\right] K_{b.2} + \dots \\
&\dots_e \dots\dots\dots\dots \\
+ &\left\{\left[\frac{i^1 i^1}{p^i}\right] + \left[\frac{\bar{i}^1\bar{i}^1}{\bar{p}}\right]\right\} K_{i.1} + \left\{\left[\frac{i^1 i^2}{p^i}\right] + \left[\frac{\bar{i}^1\bar{i}^2}{\bar{p}}\right]\right\} K_{i.2} + \dots \\
&\dots\dots\dots\dots\dots\dots \\
+ &\left[\frac{\bar{i}^1\bar{r}^1}{\bar{p}}\right] K_{r.1} + \left[\frac{\bar{i}^1\bar{r}^2}{\bar{p}}\right] K_{r.2} + \dots \\
+ &\left\{\left[\frac{i^1 z^{1.i}}{p^i}\right] + \left[\frac{\bar{i}^1\bar{z}^1}{\bar{p}}\right]\right\} K_{z.1} + \left\{\left[\frac{i^1 z^{2.i}}{p^i}\right] + \left[\frac{\bar{i}^1\bar{z}^2}{\bar{p}}\right]\right\} K_{z.2} + \dots \\
&\qquad\qquad\qquad\qquad\qquad\qquad\qquad\qquad - w_1^i = 0
\end{aligned} \tag{82}$$

Die Summationen in den Klammern sind, wie schon früher, über den Index e, $e = 1, 2 \dots$, zu erstrecken.

Die Normalgleichung (82) hätten wir auch erhalten, wenn wir aus dem System (30) diejenige Normalgleichung unter Berücksichtigung der Gewichte gebildet hätten, die zur ersten Bedingungsgleichung der Unterabteilung *I.''i.* gehört.

Auch im II. Teil, Kapitel C, können wir die Gleichungen auf den Fall ungleicher Gewichte zurückführen, wenn wir die Koeffizienten

$$a,\ b,\ \dots,\ r;\ \bar{A},\ \bar{B},\ \dots,\ \bar{R}$$

in den Bedingungsgleichungen mit dem zugehörigen Wert der Wurzel aus der Gewichtsreziproken $\sqrt{\frac{1}{p_e}}$ multiplizieren. Weil bei EGGERT aber nicht die

$$\bar{A},\ \bar{B},\ \dots,\ \bar{R}$$

berechnet werden, treten hier an ihre Stelle die Differentiale

$$f_e^u \qquad \begin{aligned} u &= 1,\ 2,\ \dots,\ m \\ e &= 1,\ 2,\ \dots,\ n \end{aligned}$$

vgl. (56), die mit der Wurzel aus der Gewichtsreziproken $\sqrt{\frac{1}{p_e}}$ der Beobachtung L_e zu multiplizieren ist.

Die Koeffizienten

$$\begin{gathered} A_u,\ B_u,\ \dots,\ R_u \\ u = 1,\ 2,\ \dots,\ m \end{gathered}$$

vgl. (54), bleiben unverändert, trotz der unterschiedlichen Gewichte.

Wir erhalten dann nach EGGERT an Stelle der Gleichungen (69) das folgende Gleichungssystem:

$$\begin{aligned}
&\left[\frac{\alpha\alpha}{p}\right] = \left[\frac{f^1 f^1}{p}\cdot\varrho\right] \\
&\left[\frac{\alpha\beta}{p}\right] = \left[\frac{f^1 f^2}{p}\cdot\varrho\right] \qquad \left[\frac{\beta\beta}{p}\right] = \left[\frac{f^2 f^2}{p}\cdot\varrho\right] \\
&\dots\dots\dots\dots\dots\dots \\
&\left[\frac{\alpha\mu}{p}\right] = \left[\frac{f^1 f^m}{p}\cdot\varrho\right] \qquad \left[\frac{\beta\mu}{p}\right] = \left[\frac{f^2 f^m}{p}\cdot\varrho\right] \dots \left[\frac{\mu\mu}{p}\right] = \left[\frac{f^m f^m}{p}\cdot\varrho\right]
\end{aligned} \tag{83}$$

Der Soll-Wert z. B. des Koeffizienten bei K_{II} in der ersten Gleichung des Systems (61) ist jetzt

$$\left[\frac{\bar{A}\bar{B}}{p}\cdot\varrho\right]$$

Aus dem Beweisgang von Gleichung (62) bis (75) erkennen wir, wenn wir die analogen, bei verschiedenen Gewichten gültigen Formeln

$$\left[\frac{\bar{A}\bar{B}}{p}\right], \left[\frac{a\bar{A}}{p}\right], \left[\frac{a\bar{B}}{p}\right], \ldots, \left[\frac{b\bar{A}}{p} \cdot 1\right], \ldots, \left[\frac{aa}{p}\right], \left[\frac{bb}{p} \cdot 1\right], \ldots$$

setzen, daß die Gleichung (75) bei verschiedenen Gewichten in die folgende übergeht:

$$\left[\frac{\bar{D}\bar{E}}{p} \cdot \varrho\right] = \sum_{u=1}^{m} \sum_{v=1}^{m} D_u E_v \left[\frac{f^u f^v}{p} \cdot \varrho\right] \tag{84}$$

$$D = A,\ B,\ \ldots,\ R$$
$$E = A,\ B,\ \ldots,\ R$$

Für $D = A$, $E = B$ haben wir Übereinstimmung mit (68), wenn man dort statt

$$[\alpha\alpha],\ [\alpha\beta],\ \ldots$$

setzt

$$\left[\frac{\alpha\alpha}{p}\right], \left[\frac{\alpha\beta}{p}\right], \ldots$$

und von den Beziehungen (83) Gebrauch macht. Man muß eben bei EGGERT immer nur die quadratischen und gemischten Gewichtskoeffizienten der Funktionen

$$A_1,\ A_2,\ \ldots,\ A_m$$

unter Berücksichtigung der Gewichte der unabhängigen Messungselemente bestimmen.

Das Gleichungssystem (30) bzw. (33a) bis (33d) ist noch nicht das System, das beim Eggertschen Verfahren im allgemeinen vorkommt; denn die identischen Beobachtungen $\bar{L}_e$ in (30), für die in (33a) bis (33d) die Beobachtungen $\bar{L}_e^i$, $i = a, b, \ldots, r$, gesetzt wurden, kommen dort in allen Teilsystemen vor. Darum war die Summe (78)

$$\sum_{i=a}^{r} \bar{p}_e^i = \bar{p}_e$$

über alle Teilsysteme T_i, $i = a, b, \ldots r$, zu erstrecken.

In der Praxis erscheinen die identischen Richtungen aber meistens nur in wenigen Teilsystemen. In den Bedingungsgleichungen der anderen Teilsysteme sind die Koeffizienten

$$\bar{i}_e^1,\ \bar{i}_e^2 \ldots$$

identisch Null. So wird man auch nur für die Verbesserungen $\bar{v}_e^i$, deren Koeffizienten in den Bedingungsgleichungen nicht gleich Null sind, die Identitätsbedingungen aufstellen. Die Summe in (78) ist dann nicht über alle Teilsysteme zu erstrecken, sondern nur über die Teilsysteme, in denen die Beobachtung $\bar{L}_e$-Gleichungssystem (30) — mit der Verbesserung $\bar{v}_e$ und dem Gewicht $\bar{p}_e$ tatsächlich erscheint. Wir schreiben diese Summation in folgender Form:

$$\sum_{i_{\bar{e}}} \bar{p}_e^i = \bar{p}_e$$

und wir wollen zeigen, daß diese in der Praxis allenfalls angewandte Modifikation streng ist und dadurch in dem Beweis keine Lücke vorhanden ist.

Wir gehen aus von dem Gleichungssystem (33a) bis (33d) und treffen die Festsetzung, daß ein Teil der Koeffizienten

$$\bar{i}_e^1,\ \bar{i}_e^2 \ldots \qquad i = a,\ b,\ \ldots,\ r$$

gleich Null ist, natürlich ohne daß wir deswegen in den Identitätsbedingungen eine Veränderung vornehmen.

Wir geben nun den Beobachtungen

$$\bar{L}_e^i \ldots \qquad i = a,\ b,\ \ldots,\ r$$

die im System (33a) nur Nullkoeffizienten haben, beliebig kleine Gewichte, wobei aber nach wie vor gilt

$$\sum_{i=a}^{r} \bar{p}_e^i = \bar{p}_e$$

Damit erhalten wir

$$\sum_{i_e^-} \bar{p}_e^i = \bar{p}_e + \varepsilon$$

ε ist eine beliebig kleine Zahl.

Wir wollen nun zeigen, daß man die Identitätsbedingungen, die die Beobachtungen mit beliebig kleinem Gewicht enthalten, einfach ignorieren kann.

Beweis:

Der Beweis wird ohne unnötige Spezialisierungen geführt. Wir heben lediglich die Beobachtungen $\bar{L}_v^u$ — mit den Verbesserungen $\bar{v}_v^u$ — mit sehr kleinem Gewicht $\bar{p}_v^u$ hervor.

Es handelt sich um folgende Bedingungsgleichungen

$$\left\{\begin{array}{l} \sum_u a_u v_u - w_a = 0 \\ \sum_u b_u v_u - w_b = 0 \\ \cdot\;\cdot\;\cdot\;\cdot\;\cdot\;\cdot\;\cdot\;\cdot\;\cdot \end{array}\right\}$$

$$\begin{array}{l} v_1 - \bar{v}_1^1 = 0 \\ v_1 - \bar{v}_2^1 = 0 \\ \cdot\;\cdot\;\cdot\;\cdot\;\cdot\;\cdot\;\cdot \\ v_2 - \bar{v}_1^2 = 0 \\ v_2 - \bar{v}_2^2 = 0 \\ \cdot\;\;\cdot\;\;\cdot\;\;\cdot \\ \cdot\;\;\cdot\;\;\cdot\;\;\cdot \\ \cdot\;\;\cdot\;\;\cdot\;\;\cdot \\ v_n - \bar{v}_1^n = 0 \\ v_n - \bar{v}_2^n = 0 \\ \cdot\;\cdot\;\cdot\;\cdot\;\cdot\;\cdot\;\cdot \end{array}$$

Wir unterwerfen allein das durch { } hervorgehobene System von Bedingungsgleichungen der Methode der kleinsten Quadrate und erhalten die Verbesserungen v' und folgendes Minimum

$$\sum_u v'_u v'_u = M \rightarrow \text{Minimum.}$$

Wenn wir das gesamte System von Bedingungsgleichungen der Methode der kleinsten Quadrate unterwerfen, wird

$$\sum_u v_u v_u + \sum_u \sum_v \bar{v}_v^u \bar{v}_v^u \bar{p}_v^u = M_2 \rightarrow \text{Minimum.}$$

Aus den Identitätsbedingungen erhalten wir

$$v_u = \bar{v}_v^u$$

Also

$$\sum_u v_u v_u + \sum_u \sum_v v_u v_u \bar{p}_v^u = M_2$$

Nach einfacher Umformung ergibt sich

$$\sum_u v_u v_u + \sum_u v_u v_u \sum_v \bar{p}_v^u = M_2$$

Weil v_u endlich ist, geht M_2 bei sehr kleinem Gewicht $\bar{p}_v^u$ in

$$M_2 = \sum_u v_u v_u$$

über.

Wir brauchen bei der Ausgleichung des gesamten Systems also nur $\sum_u v_u v_u$ zu einem Minimum zu machen.

Wir erkennen ferner

$$M = M_2$$

Die Ausgleichung des gesamten Systems ergibt für die Beobachtungen, die kein sehr kleines Gewicht haben, dieselben Verbesserungen, wie die Ausgleichung nur des durch { } hervorgehobenen Systems. Also

$$v'_u = v_u \qquad\qquad \text{q. e. d.}$$

III. Teil: Das abgekürzte Eggertsche Verfahren zum Ausgleichen großer geodätischer Systeme nach der Methode der kleinsten Quadrate

A. Die grundlegenden, allgemein gehaltenen Formeln des abgekürzten Eggertschen Verfahrens

Wir wenden uns einer Diskussion der Gleichung (75) zu. Die reduzierten Summen

$$[\overline{D}\overline{E} \cdot \varrho]$$

sind die Normalgleichungskoeffizienten der Hauptausgleichung nach EGGERT. Beim eigentlichen Eggertschen Verfahren ermittelten wir diese Normalgleichungskoeffizienten, indem wir die Differentiale der Funktionen Φ nach fingierten Verbesserungen λ entwickelten, dann die Bedingungsgleichungen der Hauptausgleichung in der Entwicklung nach den fingierten Verbesserungen λ aufstellten und aus diesen Bedingungsgleichungen schließlich die Koeffizienten des Systems von Normalgleichungen entsprechend den elementaren Regeln der Ausgleichungsrechnung berechneten.

Wir untersuchen jetzt die rechte Seite der Gleichung (75) näher. Die Koeffizienten

$$D_u \text{ und } E_v$$

$$\left.\begin{matrix} D \\ E \end{matrix}\right\} = A,\ B,\ \ldots,\ R$$

$$\left.\begin{matrix} u \\ v \end{matrix}\right\} = 1,\ 2,\ \ldots,\ m$$

werden durch (54) definiert. Wären in den Bedingungsgleichungen (48) die Funktionen Φ unabhängige Beobachtungen, dann wären die Koeffizienten D und E gleich den Koeffizienten $\overline{D}$ und $\overline{E}$ in den Bedingungsgleichungen der Hauptausgleichung

$$D = \overline{D}, \quad E = \overline{E}.$$

Werden jedenfalls nach EGGERT die reduzierten Summen

$$[\overline{D}\overline{E} \cdot \varrho]$$

aus den Koeffizienten der Bedingungsgleichungen der fingierten Beobachtungen λ errechnet, dann ist die Kenntnis der Koeffizienten

$$A_u,\ B_u,\ \ldots,\ R_u$$
$$u = 1,\ 2,\ \ldots,\ m$$

erforderlich.

Auch die reduzierten Summen

$$[f^u f^v \cdot \varrho]$$

$$\left.\begin{matrix} u \\ v \end{matrix}\right\} = 1,\ 2,\ \ldots,\ m$$

auf der rechten Seite der Gleichung (75) werden bei der Hauptausgleichung nach EGGERT benötigt. Sie bilden das symmetrische System von Gewichtskoeffizienten bezüglich der Funktionen Φ des Eggertschen Verfahrens. Vgl. (69). Diese Gewichtskoeffizienten ergeben sich im Anschluß an die Ausgleichung der Teilsysteme. Weil die r-Teilsysteme voneinander unabhängig sind, zerfällt das gesamte System von Gewichtskoeffizienten in r voneinander unabhängige Teilsysteme von Gewichtskoeffizienten.

Wir erkennen, daß wir auch dadurch die Koeffizienten der Normalgleichungen der Hauptausgleichung ermitteln können, daß wir die rechte Seite der Gleichung (75) auflösen; denn die Werte von

$$D_u, \ E_v$$

und

$$[f^u f^v \cdot \varrho]$$

$$\left.\begin{matrix} u \\ v \end{matrix}\right\} = 1, \ 2, \ \ldots, \ m$$

sind nach Abschluß der Ausgleichung der Teilsysteme und nach der Aufstellung der Bedingungsgleichungen für die Funktionen Φ als Ausgangswerte der Hauptausgleichung nach EGGERT ohnehin bekannt. Dieser Rechengang nach Gleichung (75) hat den wesentlichen Vorteil gegenüber der Verfahrensweise nach EGGERT [1], [2] und WOLF [7], S. 33, daß der Umweg über die fingierten Verbesserungen und deren Bedingungsgleichungen und die zusätzliche Auflösung der Systeme von Gewichtskoeffizienten nach CHOLESKY nicht erforderlich ist. Wenn die Gestalt der rechten Seite der Gleichung (75) zu der Meinung Anlaß geben könnte, daß die zweidimensionale Summation über die u und v als Parameter doch recht unfangreich sein werde, dann ist dem nicht so; denn die Koeffizienten D_u und E_v sind fast alle bis auf wenige gleich Null. Und diese wenigen Koeffizienten D_u und E_v, die nicht verschwinden, sind meistens alle gleich eins. Folglich handelt es sich bei der Auflösung der rechten Seite der Gleichung (75) meistens nur um die Summation weniger gegebener Gewichtskoeffizienten. Wir werden später zeigen, daß bei dem Spezialfall des Zusammenschlusses zweier Teilsysteme nach EGGERT die Auflösung der rechten Seite der Gleichung (75), d. h. die Berechnung der Koeffizienten der Normalgleichungen der Hauptausgleichung, besonders einfach wird: Sie besteht dann nur in einer einfachen Addition der beiden durch die Gewichtskoeffizienten der Teilsysteme gebildeten quadratischen und symmetrischen Matrizen.

Diesen Rechengang für die reduzierten Koeffizienten

$$[\overline{D}\overline{E} \cdot \varrho]$$

der Normalgleichungen der Hauptausgleichung im Sinne der Gleichung (75) bezeichnen wir als das „abgekürzte Eggertsche Verfahren" im Gegensatz zu dem eigentlichen Eggertschen Verfahren, bei dem die Koeffizienten der reduzierten Normalgleichungen

$$[\overline{D}\overline{E} \cdot \varrho]$$

mit Hilfe der Koeffizienten der fingierten Verbesserungen λ aus den Bedingungsgleichungen dieser fingierten Verbesserungen λ ermittelt werden.

Wir erkennen ferner, daß sich die Gleichung (75) auch aus der von TIENSTRA geschaffenen Theorie der Ausgleichung korrelierter Beobachtungen ergibt. Die Eggertschen Funktionen Φ sind die korrelierten Beobachtungen. In [14], S. 309, Gleichung (44) ist $g^{\alpha\beta} \, u_\alpha^\varrho \, u_\beta^\sigma$ identisch mit unserem Ausdruck (75)

$$\sum_{u=1}^{m} \sum_{v=1}^{m} D_u E_v \, [f^u f^v \cdot \varrho]$$

Beim eigentlichen Eggertschen Verfahren müssen wir die Zuschläge

$$\Delta\Phi_1, \ \Delta\Phi_2, \ \ldots, \ \Delta\Phi_m$$

der Funktionen

$$\Phi_1, \ \Phi_2, \ \ldots, \ \Phi_m$$

nach (65) unbedingt berechnen, denn mit ihnen ermitteln wir dort die Zuschläge

$$v_1'', \ v_2'', \ v_3'' \ \ldots$$

zu den vorläufigen Verbesserungen

$$v_1', \ v_2', \ v_3', \ \ldots,$$

indem wir zu den Bedingungsgleichungen der Teilsysteme die sog. zusätzlichen Bedingungsgleichungen hinzunehmen. Vgl. [7], S. 38—54. Beim abgekürzten Eggertschen Verfahren ist es im allgemeinen nicht notwendig, diese Zuschläge

$$\Delta\Phi_1, \ \Delta\Phi_2, \ \ldots, \ \Delta\Phi_m$$

zu kennen. Jedoch wird auch beim abgekürzten Eggertschen Verfahren die Kenntnis dieser Zuschläge manchmal von Interesse sein. Es soll darum noch angegeben werden, wie man beim abgekürzten Eggertschen Verfahren diese Werte

$$\Delta\Phi_1,\ \Delta\Phi_2,\ \ldots,\ \Delta\Phi_m$$

auf einfache Weise ermitteln kann. Ein erster Weg zur Berechnung der Werte von $\Delta\Phi_u$ ist nach Gleichung (58) möglich.

Für die zweite Berechnung entnehmen wir aus [14], S. 309, Gleichung (43)

$$e^\beta = g^{\alpha\beta}\, u_\alpha^\varrho\, K_\varrho \tag{85}$$

Hier bedeutet nach den Symbolen von TIENSTRA:

e^β: Verbesserung einer korrelierten Beobachtung.
$g^{\alpha\beta}$: Gewichtskoeffizient zwischen den voneinander abhängigen Beobachtungen p^α und p^β.
u_α^ϱ: Koeffizient in der ϱ-ten Bedingungsgleichung bei der Verbesserung e^α.
K_ϱ: Korrelate bezüglich der ϱ-ten Bedingungsgleichung.

Wir vertauschen die von TIENSTRA gewählten Symbole mit den unsrigen. Also:

$$\begin{aligned} e^\beta &\to \Delta\Phi_u \\ g^{\alpha\beta} &\to [f^u f^v \cdot \varrho] \\ u_\alpha^\varrho &\to D_v \\ K_\varrho &\to K_I,\ K_{II}\ \ldots \end{aligned} \tag{86}$$

Es ergibt sich mit (86) aus (85)

$$\Delta\Phi_u = \sum_{D=A}^{R} \sum_{v=1}^{m} K_{(D)}\, D_v\, [f^u f^v \cdot \varrho] \tag{87}$$

oder

$$\Delta\Phi_u = \sum_{D=A}^{R} K_{(D)} \sum_{v=1}^{m} D_v\, [f^u f^v \cdot \varrho] \tag{88}$$

B. Die Gebrauchsformeln des abgekürzten Eggertschen Verfahrens

Die Gleichungen (74), (72) und (75) sind als Ausgangsgleichungen und Gebrauchsformeln für das abgekürzte Eggertsche Verfahren nicht besonders gut geeignet; denn bei ihnen ist noch nicht berücksichtigt worden, daß die Teilsysteme T_i voneinander unabhängig sind. Es sollen jetzt diese Formeln (74), (72) und (75) dementsprechend modifiziert werden.

Wir führen in dem Gleichungssystem (47a) eine Unterteilung in Teilsysteme ein. a^t sind die Koeffizienten in den Bedingungsgleichungen des Teilsystems T_a. Allgemein sind die Bedingungsgleichungskoeffizienten i^t zur t-ten Bedingungsgleichung des Teilsystems T_i gehörig. Wir haben dann folgende Bedingungsgleichungen in den Teilsystemen:

$$\begin{array}{lll} \text{Teilsystem } T_a: & \sum_e a_e^t\, v_e^a - w_t^a = 0 & t = 1, 2, \ldots, r_a \\ \text{Teilsystem } T_b: & \sum_e b_e^t\, v_e^b - w_t^b = 0 & t = 1, 2, \ldots, r_b \\ \ldots & \ldots & \ldots \\ \text{Teilsystem } T_r: & \sum_e r_e^t\, v_e^r - w_t^r = 0 & t = 1, 2, \ldots, r_r \end{array} \tag{89}$$

$r_a, r_b, \ldots, r_r$ ist die Anzahl der Bedingungsgleichungen der Teilsysteme $T_a, T_b, \ldots, T_r$.

Die Bedingungsgleichungen der Hauptausgleichung — analog (59) — lassen sich wie folgt darstellen:

$$[\overline{\overline{\overline{E}}}\, v] - w_E = 0 \tag{90}$$

$$E = A,\ B,\ \ldots,\ R$$

Wir können diese Bedingungsgleichungen der Hauptausgleichung auch auf folgende Form bringen, indem wir die Zergliederung in bestimmte Teilsysteme T_i berücksichtigen:

$$\sum_i \sum_e \bar{E}_e^i v_e^i - w_E = 0 \qquad (91)$$

$$E = A,\ B,\ \ldots,\ R$$

Der Index i beim ersten Summenzeichen der vorstehenden Gleichung ist von a bis r zu erstrecken, also über alle Teilsysteme. Mit den Bedingungsgleichungen (89) und (91) erhalten wir das in **Anlage 1** dargestellte System von Normalgleichungen.

In den Bedingungsgleichungen (48) fassen wir die Funktionen Φ nach ihrer Zugehörigkeit zu den Teilsystemen

$$T_a,\ T_b,\ \ldots,\ T_r$$

zusammen.

Es ist

$$\Phi^{i.k} \qquad \begin{matrix} i = a,\ b,\ \ldots,\ r \\ k = 1,\ 2,\ \ldots \end{matrix}$$

eine Funktion aus dem Teilsystem T_i, nämlich die k-te Funktion von T_i. So erhalten wir das folgende System von Bedingungsgleichungen:

$$\begin{matrix} \Omega_A\, \{\Phi^{a.1},\ \Phi^{a.2},\ \ldots;\ \Phi^{b.1},\ \Phi^{b.2},\ \ldots;\ \ldots;\ \Phi^{i.1},\ \Phi^{i.2},\ \ldots;\ \ldots;\ \Phi^{r.1},\ \Phi^{r.2},\ \ldots\} = 0 \\ \Omega_B\, \{\Phi^{a.1},\ \Phi^{a.2},\ \ldots;\ \Phi^{b.1},\ \Phi^{b.2},\ \ldots;\ \ldots;\ \Phi^{i.1},\ \Phi^{i.2},\ \ldots;\ \ldots;\ \Phi^{r.1},\ \Phi^{r.2},\ \ldots\} = 0 \\ \ldots\ldots\ldots\ldots\ldots\ldots\ldots\ldots\ldots\ldots\ldots \\ \Omega_R\, \{\Phi^{a.1},\ \Phi^{a.2},\ \ldots;\ \Phi^{b.1},\ \Phi^{b.2},\ \ldots;\ \ldots;\ \Phi^{i.1},\ \Phi^{i.2},\ \ldots;\ \ldots;\ \Phi^{r.1},\ \Phi^{r.2},\ \ldots\} = 0 \end{matrix} \qquad (93)$$

Durch (93) werden die Funktionen Φ in den Gleichungen (48) nur in bestimmter Form geordnet geschrieben. Funktionen, die zwei verschiedenen Teilsystemen angehören, z. B.

$$\Phi^{i.k} \text{ und } \Phi^{i'.k'},$$

wenn

$$i \neq i',$$

sind voneinander unabhängig. Ihr gemischter Gewichtskoeffizient ist gleich Null. Wir machen die Gleichungen (93) linear und bilden zunächst die Differentialquotienten:

$$\frac{\partial \Omega_A}{\partial \Phi^{a.1}} = A^{a.1},\ \frac{\partial \Omega_A}{\partial \Phi^{a.2}} = A^{a.2},\ \ldots$$

$$\frac{\partial \Omega_A}{\partial \Phi^{b.1}} = A^{b.1},\ \frac{\partial \Omega_A}{\partial \Phi^{b.2}} = A^{b.2},\ \ldots$$

$$\ldots\ldots\ldots\ldots\ldots\ldots$$

allgemein

$$\frac{\partial \Omega_E}{\partial \Phi^{i.k}} = E^{i.k} \qquad (94)$$

$$\begin{matrix} E = A,\ B,\ \ldots,\ R \\ i = a,\ b,\ \ldots,\ r \\ k = 1,\ 2,\ \ldots \end{matrix}$$

Der Index i ist über alle Teilsysteme T_a, T_b, ..., T_r zu erstrecken. E ist das Charakteristikum für die jeweilige Bedingungsgleichung

$$\Omega_E = 0,$$

zu der der Differentialquotient

$$E^{i.k}$$

gehört. i bezeichnet das Teilsystem und k die Ordnungszahl der Funktion $\Phi^{i.k}$. Mit (94) erhält man für die lineare Form der Bedingungsgleichungen (93)

$$A^{a.1}\,d\Phi^{a.1} + A^{a.2}\,d\Phi^{a.2} + \ldots + A^{b.1}\,d\Phi^{b.1} + A^{b.2}\,d\Phi^{b.2} + \ldots + A^{r.1}\,d\Phi^{r.1} + A^{r.2}\,d\Phi^{r.2} + \ldots - w_A = 0$$

$$B^{a.1}\,d\Phi^{a.1} + B^{a.2}\,d\Phi^{a.2} + \ldots + B^{b.1}\,d\Phi^{b.1} + B^{b.2}\,d\Phi^{b.2} + \ldots + B^{r.1}\,d\Phi^{r.1} + B^{r.2}\,d\Phi^{r.2} + \ldots - w_B = 0$$

$$\ldots \qquad (95)$$

$$R^{a.1}\,d\Phi^{a.1} + R^{a.2}\,d\Phi^{a.2} + \ldots + R^{b.1}\,d\Phi^{b.1} + R^{b.2}\,d\Phi^{b.2} + \ldots + R^{r.1}\,d\Phi^{r.1} + R^{r.2}\,d\Phi^{r.2} + \ldots - w_R = 0$$

In allgemeiner Form lautet (95)

$$\sum_i \sum_k E^{i.k}\,d\Phi^{i.k} - w_E = 0 \qquad (96)$$

$$E = A,\ B,\ \ldots,\ R,\quad i = a,\ b,\ \ldots,\ r,\quad k = 1,\ 2,\ \ldots$$

Wir entwickeln noch die Differentiale der Funktionen $\Phi^{i.k}$ nach den Verbesserungen

$$v_e^i \qquad \begin{matrix} i = a,\ b,\ \ldots,\ r \\ e = 1,\ 2,\ \ldots \end{matrix}$$

und erhalten

$$d\Phi^{a.1} = f_1^{a.1}\,v_1^a + f_2^{a.1}\,v_2^a + \ldots = [f^{a.1}\,v^a] = \sum_e f_e^{a.1}\,v_e^a$$

$$d\Phi^{a.2} = f_1^{a.2}\,v_1^a + f_2^{a.2}\,v_2^a + \ldots = [f^{a.2}\,v^a] = \sum_e f_e^{a.2}\,v_e^a \qquad (97)$$

$$\ldots$$

In allgemeiner Form geschrieben:

$$d\Phi^{i.k} = [f^{i.k}\,v^i] = \sum_e f_e^{i.k}\,v_e^i \qquad (98)$$

$$i = a,\ b \ldots,\ r$$

Setzen wir (98) in (96) ein, so erhalten wir die Bedingungsgleichungen der Hauptausgleichung in ihrer Darstellung nach den ursprünglichen unabhängigen Beobachtungen.

Es ergibt sich

$$\sum_i \sum_e v_e^i \sum_k E^{i.k}\,f_e^{i.k} - w_E = 0 \qquad (99)$$

Wir können nun daran gehen, die Gleichungen (74), (72) und (75) unter Berücksichtigung der Tatsache aufzustellen, daß beim Eggertschen Verfahren die Teilsysteme voneinander unabhängig sind. Zunächst formen wir Gleichung (74) entsprechend um. Die eine der beiden heranzuziehenden Bedingungsgleichungen lautet:

$$[i^t\,v^i] - w_t^i = 0$$

oder

$$\sum_e i_e^t\,v_e^i - w_t^i = 0 \qquad (100)$$

(100) ist die t-te Bedingungsgleichung im Teilsystem i. Die andere heranzuziehende Bedingungsgleichung lautet, indem wir nur den für die weitere Rechnung notwendigen Anteil, nämlich denjenigen, der die Verbesserungen v_e^i des Teilsystems T_i enthält, angeben.

$$\ldots \sum_e v_e^i \sum_k E^{i.k}\,f_e^{i.k} \ldots - w_E = 0 \qquad (101)$$

Aus (100) und (101) ergibt sich:

$$[i^t\,\overline{E}^i] = \sum_e i_e^t \sum_k E^{i.k}\,f_e^{i.k} = \sum_k E^{i.k} \sum_e i_e^t\,f_e^{i.k}$$

In der Gaußschen Symbolik gilt:

$$[i^t\,f^{i.k}] = \sum_e i_e^t\,f_e^{i.k}$$

Also

$$
\left.
\begin{array}{ll}
\multicolumn{2}{c}{[i^t\,\overline{E}^i] = \sum_k E^{i.k}\,[i^t\,f^{i.k}]} \\
i = a,\ b,\ \ldots,\ r & i \text{ bezeichnet das Teilsystem } T_i. \\
E = A, B, \ldots, R & E \text{ bezeichnet die Bedingungsgleichung der Hauptausgleichung.} \\
t = 1,\ 2,\ \ldots & t \text{ bezeichnet die lfd. Nummer der Bedingungsgleichung im jeweiligen Teilsystem.} \\
k = 1,\ 2,\ \ldots & k \text{ bezeichnet die lfd. Nummer der Funktion } \Phi^{i.k} \text{ des Teilsystems } T_i.
\end{array}
\right\} \tag{102}
$$

Die Summen

$$[i^t\,f^{i.k}]$$

werden bei der Ausgleichung der Teilsysteme zur Berechnung der Gewichtskoeffizienten der Funktionen $\Phi^{i.k}$ mit aufgestellt.

Wir formen jetzt Gleichung (72) um. Es ergibt sich aus der Gleichung (99), wie man leicht einsieht:

$$\sum_i [\overline{D}^i\overline{E}^i] = [\overline{D}\,\overline{E}] = \sum_i \sum_e \sum_k \sum_{k'} D^{i.k}\,E^{i.k'}\,f_e^{i.k}\,f_e^{i.k'}$$

$$\sum_i [\overline{D}^i\overline{E}^i] = [\overline{D}\,\overline{E}] = \sum_i \sum_k \sum_{k'} D^{i.k}\,E^{i.k'}\,[f^{i.k}\,f^{i.k'}] \tag{103}$$

Die Parameter k, k' sind über alle Funktionen der Teilgebiete T_i zu erstrecken. i durchläuft alle Indizes a, b, $\ldots$, r der Teilsysteme T_i.

Die Summen

$$[f^{i.k}\,f^{i.k'}]$$

werden zur Berechnung der Gewichtskoeffizienten des Teilsystems T_i gebildet.

Schließlich gilt es noch, die Gleichung (75) umzuformen. Die ϱ-mal reduzierte Summe

$$[f^u\,f^v \cdot \varrho]$$

ist gleich dem gemischten Gewichtskoeffizienten zwischen den Funktionen Φ_u und Φ_v, den wir mit $\frac{1}{p_{u.v}}$ bezeichnen wollen. Also

$$[f^u\,f^v \cdot \varrho] = \frac{1}{p_{u.v}} \tag{104}$$

Wenn wir wieder die Aufgliederung der Funktionen Φ nach ihrer Zugehörigkeit zu bestimmten Teilsystemen vornehmen, dann müssen wir folgende Substitutionen ausführen:

$$
\begin{array}{l}
D^u \rightarrow D^{i.k} \\
E^v \rightarrow E^{i'.k'} \\
f^u \rightarrow f^{i.k} \\
f^v \rightarrow f^{i'.k'} \\
\dfrac{1}{p_{u.v}} \rightarrow \dfrac{1}{p_{(i.k)(i'.k')}}
\end{array} \tag{105}
$$

In (105) wird die Gewichtsreziproke zwischen der k-ten Funktion des Teilsystems T_i und der k'-ten Funktion des Teilsystems T_i, durch

$$\frac{1}{p_{(i.k)(i'.k')}}$$

bezeichnet.

So erhalten wir aus (75):

$$[\overline{D}\,\overline{E} \cdot \varrho] = \sum_u \sum_v D_u\,E_v\,\frac{1}{p_{u.v}}$$

und weiter

$$[\overline{D}\,\overline{E} \cdot \varrho] = \sum_i \sum_{i'} \sum_k \sum_{k'} D^{i.k}\,E^{i'.k'}\,\frac{1}{p_{(i.k)(i'.k')}}$$

Weil die Funktionen $\Phi^{i.k}$ verschiedener Teilsysteme voneinander unabhängig sind, ist

$$\frac{1}{p_{(i.k)(i'.k')}} = 0 \qquad \text{wenn } i \neq i' \tag{106}$$

Folglich

$$[\overline{D}\,\overline{E}\cdot\varrho] = \sum_i \sum_k \sum_{k'} D^{i.k} E^{i.k'} \frac{1}{p_{(i.k)(i.k')}} \tag{107}$$

Für

$$\frac{1}{p_{(i.k)(i.k')}}$$

kann man auch schreiben

$$[f^{i.k} f^{i.k'} \cdot r_i] \qquad i = a,\ b,\ \ldots,\ r \tag{108}$$

r_i ist die Anzahl der Bedingungsgleichungen des Teilsystems T_i. Durch r_i wird angegeben, daß es sich um eine r_i-malige Reduktion handelt.

Zusammenstellung von Gebrauchsformeln

1. Die Koeffizienten $\overline{E}^i$ in den Bedingungsgleichungen der Hauptausgleichung in der Entwicklung nach den Verbesserungen der unabhängigen Beobachtungselemente — vgl. (91) — lauten wie folgt (die Koeffizienten $\overline{E}^i$ sind nicht zu verwechseln mit den Koeffizienten E, die dann erscheinen, wenn wir die Bedingungsgleichungen der Hauptausgleichung nach den Funktionen $\Phi^{i.k}$ entwickeln):

$$\overline{E}^i_e = \sum_k E^{i.k} f^{i.k}_e \tag{109}$$

$\left.\begin{array}{l}\overline{E} = \overline{A},\ \overline{B},\ \ldots,\ \overline{R}\\ E = A,\ B,\ \ldots,\ R\end{array}\right\}$ $\overline{E}$ und E bezeichnen die Bedingungsgleichung der Hauptausgleichung.

$i = a,\ b,\ \ldots,\ r$ — i ist der Parameter des Teilsystems T_i.

$e = 1,\ 2,\ \ldots$ — e ist die lfd. Nummer der Verbesserung dieses Teilsystems T_i.

$k = 1,\ 2,\ \ldots$ — k ist die lfd. Nummer der Funktion $\Phi^{i.k}$ des Teilsystems T_i.

2. Wir geben nun diejenigen gemischten Koeffizienten des Systems von Normalgleichungen an, vgl. (92), die sich auf Bedingungsgleichungen der Teilsysteme (89) und auf Bedingungsgleichungen der Hauptausgleichung (91) beziehen.

$$[i^t\,\overline{E}^i] = \sum_k E^{i.k}\,[i^t f^{i.k}] \tag{110}$$

$$t = 1,\ 2,\ \ldots$$

t ist die lfd. Nummer der Bedingungsgleichung im Teilsystem T_i.

Hinsichtlich der anderen Symbole vgl. (109).

3. Unter 3. geben wir die Koeffizienten des Systems von Normalgleichungen an, die sich nur auf Bedingungsgleichungen der Hauptausgleichung (91) beziehen. Diese Koeffizienten sind als vor der Reduktion der Teilsysteme berechnet zu verstehen.

Man erhält:

$$\sum_i [\overline{D}^i\,\overline{E}^i] = [\overline{D}\,\overline{E}] = \sum_i \sum_k \sum_{k'} D^{i.k} E^{i.k'} [f^{i.k} f^{i.k'}] \tag{111}$$

k, k' sind die lfd. Nummern der Funktionen $\Phi^{i.k}$, $\Phi^{i.k'}$ des Teilsystems T_i.

Die unter 3. angegebenen Koeffizienten werden beim abgekürzten Eggertschen Verfahren im allgemeinen nicht benötigt. Sie sind nur der Vollständigkeit halber angegeben worden. Denn in der Hauptausgleichung brauchen wir nicht diese Koeffizienten, sondern die reduzierten. Wir benötigen die Normalgleichungskoeffizienten nach der Reduktion der Teilsysteme.

4. Die für das abgekürzte Eggertsche Verfahren sehr wichtigen Normalgleichungskoeffizienten der Hauptausgleichung errechnen sich wie folgt:

$$[\bar{D}\bar{E} \cdot \varrho] = \sum_i \sum_k \sum_{k'} D^{i.k} E^{i.k'} \frac{1}{p_{(i.k)(i.k')}} \tag{112}$$

$\frac{1}{p_{(i.k)(i.k')}}$ ist der gemischte Gewichtskoeffizient zwischen den Funktionen $\Phi^{i.k}$ und $\Phi^{i.k'}$.

5. Wir wollen auch noch die Gleichung (88) unter Rücksichtnahme auf die Unabhängigkeit der Teilsysteme umformen und erhalten:

$$\Delta\Phi^{i.k} = \sum_D K_D \sum_{k'} D^{i.k'} \frac{1}{p_{(i.k)(i.k')}} \tag{113}$$

$$D = A,\ B,\ \ldots,\ R$$
$$i = a,\ b,\ \ldots,\ r$$
$$k,\ k' = 1,\ 2,\ 3,\ \ldots$$

Wir wollen diese Gebrauchsformel (109) bis (113) noch spezialisieren.

Die einzelnen Bedingungsgleichungen der Hauptausgleichung sollen die Form von Summen mit den Funktionen $\Phi^{i.k}$ als Summanden haben. In jeder Bedingungsgleichung komme aus jedem Teilsystem nur eine Funktion $\Phi^{i.k}$ vor.

Die folgenden Gleichungssysteme (114) und (115) haben z. B. diese genannten Eigenschaften, mit der weiteren Einschränkung, daß die Bedingungsgleichungen immer nur die Summen zweier Funktionen $\Phi^{i.k}$ sind, und daß jede Funktion $\Phi^{i.k}$ nur einmal vorkommt.

$$\begin{aligned} \Omega_A &= \Phi^{a.1} + \Phi^{b.1} &= 0 \\ \Omega_B &= \Phi^{a.2} + \Phi^{b.2} &= 0 \\ \Omega_C &= \Phi^{b.3} + \Phi^{c.1} &= 0 \\ \Omega_D &= \Phi^{b.4} + \Phi^{c.2} &= 0 \\ \Omega_E &= \Phi^{b.5} + \Phi^{c.3} &= 0 \end{aligned} \tag{114}$$

$$\begin{aligned} \Omega_A &= \Delta\Phi^{a.1} + \Delta\Phi^{b.1} - W_A &= 0 \\ \Omega_B &= \Delta\Phi^{a.2} + \Delta\Phi^{b.2} - W_B &= 0 \\ \Omega_C &= + \Delta\Phi^{b.3} + \Delta\Phi^{c.1} - W_C &= 0 \\ \Omega_D &= + \Delta\Phi^{b.4} + \Delta\Phi^{c.2} - W_D &= 0 \\ \Omega_E &= + \Delta\Phi^{b.5} + \Delta\Phi^{c.3} - W_E &= 0 \end{aligned} \tag{115}$$

Auch die beiden Beispiele, die im IV. Teil durchgerechnet worden sind, haben in den Bedingungsgleichungen der Hauptausgleichung die genannten Eigenschaften.

Diese besondere Gestalt der Bedingungsgleichungen der Hauptausgleichung stellt eine Spezialisierung dar, die bei geodätischen Netzausgleichungen oft (Grundsätzlich ist dies allenfalls möglich. Jedenfalls in der linearen Form (95) der Bedingungsgleichungen) ohne Schwierigkeiten möglich ist. Die Polygonschlußbedingungen lassen sich z. B. als Summen der Breiten- bzw. Längenunterschiede der einzelnen Teilsysteme T_i, deren Anzahl i. a. größer als zwei ist, darstellen [5], S. 111. Den Identitätsbedingungen kann ohne besondere Mühe diese Form gegeben werden.

So erhalten wir für (109) bis (113):

1.

$$\bar{E}^i_e = f^{i.k_1}_e \tag{116}$$

k_1 bestimmt sich dadurch, daß $E^{i.k_1} = 1$ ist.

2.

$$[i^t\, \bar{E}^i] = [i^t\, f^{i.k_1}] \tag{117}$$

k_1 bestimmt sich dadurch, daß $E^{i.k_2} = 1$ ist.

3.

$$\sum_i [\bar{D}^i\, \bar{E}^i] = [\bar{D}\,\bar{E}] = \sum_i [f^{i.k_1}\, f^{i.k_2}] \tag{118}$$

k_1, k_2 bestimmen sich dadurch, daß $D^{i.k_2} = 1$ und $E^{i.k_1} = 1$ ist.

4.

$$[\bar{D}\bar{E}\cdot\varrho] = \sum_i \frac{1}{p_{(i.k_1)(i.k_2)}} \tag{119}$$

k_1, k_2 bestimmen sich dadurch, daß $D^{i.k_2} = 1$ und $E^{i.k_1} = 1$ ist.

5.

$$\Delta\,\Phi^{i.k} = \sum_D K_D \frac{1}{p_{(i.k)\,(i.k_2)}} \tag{120}$$

k_2 bestimmt sich dadurch, daß $D^{i.k_2} = 1$ ist.

Die Hauptausgleichung läßt sich beim abgekürzten Eggertschen Verfahren folglich auf eine sehr einfache Form bringen.

C. Spezialisierung der Gebrauchsformeln auf den Zusammenschluß zweier Teilsysteme

Wir wollen die Gleichungen (109) bis (113) resp. (116) bis (120) noch für den Fall des Zusammenschlusses zweier Teilsysteme spezialisieren. Die Summation über den Index i, der die Teilsysteme charakterisiert, ist dann nur über a und b zu erstrecken. Die Bedingungsgleichungen der Hauptausgleichung sollen dann nur identische Elemente des Grenzpolygons der beiden Teilnetze gleich groß machen; denn nach der Durchführung der Ausgleichung der beiden unabhängigen Teilsysteme T_a und T_b erhält man ja das Grenzpolygon im allgemeinen in zwei verschiedenen Formen. In der Hauptausgleichung sind natürlich auch die Richtungsidentitätsbedingungen enthalten.

Unter den Voraussetzungen, die auch für (116) bis (120) gelten, entarten die Bedingungsgleichungen der Hauptausgleichung in die Summe zweier voneinander unabhängiger Funktionen $\Phi^{i.k}$. Man hat also:

$$\begin{aligned} \Omega_A &= \Phi^{a.1} + \Phi^{b.1} = 0 \\ \Omega_B &= \Phi^{a.2} + \Phi^{b.2} = 0 \\ &\dots\dots\dots\dots \\ \Omega_R &= \Phi^{a.(R)} + \Phi^{b.(R)} = 0 \end{aligned} \tag{121}$$

Die Entwicklung der ersten dieser Bedingungsgleichungen der Hauptausgleichung nach den Verbesserungen der unabhängigen Beobachtungen hat dann folgende Gestalt:

$$\sum_e \bar{A}^a_e v^a_e + \sum_e \bar{A}^b_e v^b_e - w_A = 0 \tag{122}$$

Und in ausführlicher Darstellung

$$f_1^{a.1} v_1^a + f_2^{a.1} v_2^a + \dots + f_1^{b.1} v_1^b + f_2^{b.1} v_2^b + \dots - w_A = 0 \tag{123}$$

So erhalten wir für (121)

$$\begin{aligned} [f^{a.1} v^a] + [f^{b.1} v^b] - w_A &= 0 \\ [f^{a.2} v^a] + [f^{b.2} v^b] - w_B &= 0 \\ &\dots\dots\dots\dots \\ [f^{a.(R)} v^a] + [f^{b.(R)} v^b] - w_R &= 0 \end{aligned} \tag{124}$$

Wir geben nun die Gleichungen an, die (116) bis (120) entsprechen, aber auf den Zusammenschluß zweier Teilsysteme abgestellt sind. Man findet durch einfache Überlegungen:

1.

$$\bar{E}^a_e = f_e^{a.(E)},\quad \bar{E}^b_e = f_e^{b.(E)} \tag{125}$$

(E) ist die Ordnungszahl, die E im Alphabet hat. $E = A, B, \dots, R$

2.

$$\begin{aligned} [a^t\,\bar{E}^a] &= [a^t\,f^{a.(E)}] \\ [b^t\,\bar{E}^b] &= [b^t\,f^{b.(E)}] \end{aligned} \tag{126}$$

3. $$[\overline{D^a}\,\overline{E^a}] + [\overline{D^b}\,\overline{E^b}] = [\overline{D}\,\overline{E}] = [f^{a.(D)}\,f^{a.(E)}] + [f^{b.(D)}\,f^{b.(E)}] \tag{127}$$

4. $$[\overline{D}\,\overline{E} \cdot \varrho] = \frac{1}{p_{(a.(D))\,(a.(E))}} + \frac{1}{p_{(b.(D))\,(b.(E))}} \tag{128}$$

oder

$$[\overline{D}\,\overline{E} \cdot \varrho] = [f^{a.(D)}\,f^{a.(E)} \cdot r_a] + [f^{b.(D)}\,f^{b.(E)} \cdot r_b] \tag{129}$$

5. $$\begin{aligned} \Delta \Phi^{a.k} &= \sum_D K_D \frac{1}{p_{(a.k)\,(a.(D))}} \\ \Delta \Phi^{b.k} &= \sum_D K_D \frac{1}{p_{(b.k)\,(b.(D))}} \end{aligned} \tag{130}$$

Wie wir aus (128) erkennen, besteht die Bildung der Koeffizienten der Normalgleichungen der Hauptausgleichung lediglich in der Addition entsprechender Glieder — d. h. Glieder in gleicher Zeile und Spalte — der beiden Systeme von Gewichtskoeffizienten nach der Ausgleichung der Teilsysteme, also in der Addition der beiden Matrizen, die durch die Gewichtskoeffizienten gebildet werden.

D. Überblick über den gesamten Rechengang beim abgekürzten Eggertschen Verfahren

Nach den vorstehenden Entwicklungen gestaltet sich beim abgekürzten Eggertschen Verfahren der Rechengang folgendermaßen:

Das auszugleichende Dreiecksnetz wird zunächst in passende Teilsysteme zerlegt. Die Teilsysteme sind voneinander unabhängig. Alle Beobachtungen, die in mehreren — allgemein n — Teilsystemen vorkommen, erhalten in jedem Teilsystem das Gewicht $\frac{1}{n}$. Die einzelnen Teilsysteme werden dann jedes für sich ausgeglichen, wobei gleichzeitig die Systeme von Gewichtskoeffizienten der Eggertschen Funktionen $\Phi^{i.k}$ errechnet werden. Die Ausgleichung der Teilsysteme ergibt die vorläufigen Korrelaten und Verbesserungen der Teilsysteme. Mit der Gleichung (112) resp. (119) oder (128) errechnen wir die Koeffizienten der Normalgleichungen der Hauptausgleichung. Bei der Berechnung der Widersprüche (Absolutglieder) der Hauptausgleichung benutzen wir die vorläufig ausgeglichenen Beobachtungen. Die Auflösung der Normalgleichungen der Hauptausgleichung ergibt die Korrelaten der Hauptausgleichung, aus denen wir im Verein mit (110) resp. (117) oder (126) die neuen Widersprüche der Teilsysteme errechnen — vgl. (92) —, um dann weiter mit den Korrelatenentwicklungen oder den reduzierten Normalgleichungen der Teilsysteme aus den neuen Widersprüchen die endgültigen Korrelaten der Teilsysteme zu erhalten.

Der erste der neuen Widersprüche (w_k^i) heißt z. B. [vgl. (92)]:

$$-(w_1^a) = [a^1\,\overline{A^a}]\,K_A + [a^1\,\overline{B^a}]\,K_B + \ldots + [a^1\,\overline{R^a}]\,K_R - w_1^a$$

Die endgültigen Verbesserungen errechnen sich dann aus den Korrelatengleichungen wie folgt:

$$v_e^i = \sum_{t=1}^{r_i} i_e^t\,K_{i.t} + \sum_{E=A}^{R} \overline{E}_e^i\,K_E$$

In dem sehr einfachen Fall, auf den sich die Gleichungen (116) bis (120) resp. (125) bis (128) beziehen und bei dem in jeder Bedingungsgleichung der Hauptausgleichung *aus jedem Teilsystem nur eine Funktion $\Phi^{i.k}$ vorkommt* und die Koeffizienten der Bedingungsgleichungen der Hauptausgleichung in der Form (96) *alle gleich eins sind*, sind diese Verhältnisse besonders einfach. Dann fallen nach (116), (117) die Werte von

$$\overline{E}_e^i \quad \text{und} \quad [i^t\,\overline{E^i}]$$

unmittelbar im Zuge der Berechnung der Gewichtskoeffizienten an, und bei der Auflösung der Teilsysteme nach dem Gaußschen Algorithmus kann man so verfahren, als wären die Differentialentwicklungen für die Eggertschen Funktionen Φ — vgl. (97) — identisch mit Bedingungsgleichungen.

IV. Teil: Beispiele

A. 1. Beispiel

Als erstes Beispiel wollen wir ein Zentralsystem mit zwei Basisbedingungen ausgleichen. Natürlich wird man in der Praxis dieses Zentralsystem anders ausgleichen. Das Beispiel soll nur der Erläuterung des abgekürzten Eggertschen Verfahrens dienen. Die Grundlinien werden als fehlerfreie Größen behandelt (vgl. Bild 3 und 4). Die Beobachtungen sind bis auf die Grundlinien aus [15] entnommen, Zentralsystem Langschoß.

Die Längen der Grundlinien sind

$\overline{H^a G}$ . . . 4. 415 5387 95

$\overline{H^a B}$ . . . 4. 613 3470 04

$\overline{D C^b}$ . . . 4. 485 7804 45

Die Werte der übrigen Beobachtungen L_e^a und L_e^b sind aus [15] zu entnehmen.

Teilnetz T_a

Die Eggertschen Funktionen und ihre Werte nach der Ausgleichung des Teilsystems T_a — $(\Phi^{a.k})'$ — und nach der Hauptausgleichung — $\Phi^{a.k}$ — lauten im einzelnen:

		$(\Phi a.k)'$	$\Phi a.k$	K
$\Phi a.1$	L_7^a	135° 30′ 40″, 1236	40″, 8980	K_A
$\Phi a.2$	L_{18}^a	56 02 15 , 2524	15 , 1740	K_B
$\Phi a.3$	L_{19}^a	152 52 13 , 3796	13 , 3629	K_C
$\Phi a.4$	L_{10}^a	359 59 59 , 9504	00 , 7158	K_D
$\Phi a.5$	$\overline{HaEa}$	4.467 0541 60	0482 97	K_E
$\Phi a.6$	$\overline{HaCa}$	4.633 3180 53	3169 89	K_F

In der letzten, mit K überschriebenen Spalte sind die zu den Eggertschen Funktionen $\Phi^{a.k}$ gehörigen Korrelaten der Hauptausgleichung angegeben.
Die letzten beiden Spalten hinter den Bedingungsgleichungen/Korrelatengleichungen geben die vorläufigen — v' — und die endgültigen — v — Verbesserungen an.

Im Normalgleichungssystem sind unter der Hauptdiagonalen die vorläufigen und endgültigen Werte der Korrelaten $K_{a.k}$ angegeben. Der jeweils oben stehende Wert ist der vorläufige Wert aus der Ausgleichung nur des Teilsystems T_a. Der unten stehende Wert ist der endgültige, wie er sich nach der Hauptausgleichung ergibt.

Wir errechneten auch die Summe $[v'v'p]$ aus der vorläufigen Ausgleichung des Teilsystms T_a und erhielten auf drei verschiedenen Wegen die in der Tafel 2 angegebenen Werte.

Teilnetz T_b

Wir geben zunächst die Eggertschen Funktionen und deren Werte an:

		$(\Phi^{b.k})'$	$\Phi^{b.k}$	K
$\Phi^{b.1}$	$-L_2^b$	— 135° 30′ 40″, 4322	40″, 8980	K_A
$\Phi^{b.2}$	$-L_8^b$	— 56 02 14, 9438	15 , 1740	K_B
$\Phi^{b.3}$	$-L_{10}^b$	— 152 52 13, 2830	13 , 3629	K_C
$\Phi^{b.4}$	$-L_6^b$	— 0 00 00, 0470	00 , 7158	K_D
$\Phi^{b.5}$	$-\overline{H^bE^b}$	— 4.467 0462 78	0482 96	K_E
$\Phi^{b.6}$	$-\overline{H^bC^b}$	— 4.633 3212 98	3169 89	K_F

Hauptausgleichung

Die Bedingungsgleichungen in der Form (93) resp. (114) lauten:

$$\Phi^{a.1} + \Phi^{b.1} = 0$$
$$\Phi^{a.2} + \Phi^{b.2} = 0$$
$$\Phi^{a.3} + \Phi^{b.3} = 0$$
$$\Phi^{a.4} + \Phi^{b.4} = 0$$
$$\Phi^{a.5} + \Phi^{b.5} = 0$$
$$\Phi^{a.6} + \Phi^{b.6} = 0$$

Die Widersprüche errechnen sich wie folgt [vgl. (55), (115)]:

$$-W_A = (\Phi^{a.1})' + (\Phi^{b.1})'$$
$$-W_B = (\Phi^{a.2})' + (\Phi^{b.2})'$$
$$\dots\dots\dots\dots$$
$$-W_F = (\Phi^{a.6})' + (\Phi^{b.6})'$$

Wir erhalten die folgenden Bedingungsgleichungen:

$\Delta\Phi^{a.1}$	$\Delta\Phi^{a.2}$	$\Delta\Phi^{a.3}$	$\Delta\Phi^{a.4}$	$\Delta\Phi^{a.5}$	$\Delta\Phi^{a.6}$	$\Delta\Phi^{b.1}$	$\Delta\Phi^{b.2}$	$\Delta\Phi^{b.3}$	$\Delta\Phi^{b.4}$	$\Delta\Phi^{b.5}$	$\Delta\Phi^{b.6}$	$-W$
+1						+1						—0,308600
	+1						+1					+0,308600
		+1						+1				+0,096600
			+1						+1			—0,096600
				+1						+1		+3,743685
					+1						+1	—1,541093

Mit diesen Korrelaten der Hauptausgleichung errechnen wir aus den reduzierten Normalgleichungen der Teilsysteme die endgültigen Korrelaten der Teilsysteme [vgl. (92) und Kapitel III. D].

Nachdem wir die endgültigen Korrelaten $K_{a.1}, K_{a.2} \dots K_{a.6}$; $K_{b.1}, K_{b.2}$; $K_A, K_B \dots K_F$ erhalten haben, errechnen wir mit den ursprünglichen und zusätzlichen Bedingungsgleichungen des Teilsystems T_a und T_b die endgültigen Verbesserungen.

Die Änderung der Funktionen $\Phi^{a.1}$ durch die Hauptausgleichung — $\Delta\Phi^{a.1}$ — errechnet sich nach (120) wie folgt:

$$\Delta\Phi^{a.1} = +1,439\,323\ K_A + 0,560\,677\ K_B - 0,003\,350\ K_C$$
$$+ 0,003\,350\ K_D - 0,010\,352\ K_E + 0,879\,872\ K_F$$
$$= + 0,774\,379$$

Abschließend geben wir noch die Gesamtsumme $[vvp]$ mit Proberechnung an.

$$
\begin{aligned}
-[w^a K'_a] &= 9,8061 \\
-[w^b K'_b] &= 0,0756 \\
-[W K] &= 4,1222 \\
\hline
[vvp] &= 14,0039
\end{aligned}
$$

Die direkte Berechnung aus den Verbesserungen v und den Gewichten p ergab $14,0037 = [vvp]$.

B. 2. Beispiel

Wir wollen schließlich noch ein zweites, etwas komplizierteres Beispiel nach dem abgekürzten Eggertschen Verfahren ausgleichen. Dazu haben wir das Dreiecksnetz herausgewählt, welches Boltz in [15] als Beispiel für sein Entwicklungsverfahren behandelt hat. Allerdings haben wir dieses Netz etwas erweitert, indem wir noch 4 weitere Beobachtungen eingefügt haben, nämlich 2 Grundlinien und 2 Laplace-Azimute. Diese 4 zusätzlichen Beobachtungen wurden als verbesserungsbedürftige, mit bestimmten Gewichten behaftete Beobachtungen angesehen. Die Werte sind im einzelnen:

Grundlinien:

1. Wintersberg-Calmit, $\overline{25,24} = L_{143} \ldots 4.\,707\,39584$, $p_{143} = 7,541$
2. Erbeskopf-Lufdenberg, $\overline{15,16} = L_{144} \ldots 4.\,740\,72595$, $p_{144} = 12,678$

Azimute:

3. Michelsberg-Langschoß, $(8,5) = L_{145} = 294^0\,26'\,46'',963$, $p_{145} = 0,210$
4. Donnersberg-Calmit, $(20,24) = L_{146} = 161^0\,32'\,26'',536$, $p_{146} = 0,170$

Die übrigen Beobachtungen L_1 bis L_{142} sind aus [15], S. 36.37, zu ersehen.

Teilnetz T_a

Bild 5 stellt das Teilnetz T_a dar. Das Grenzpolygon, das an das Teilnetz T_b anstößt, verläuft von Muxerath über Prümscheid und Hohe Acht nach Montabaur.

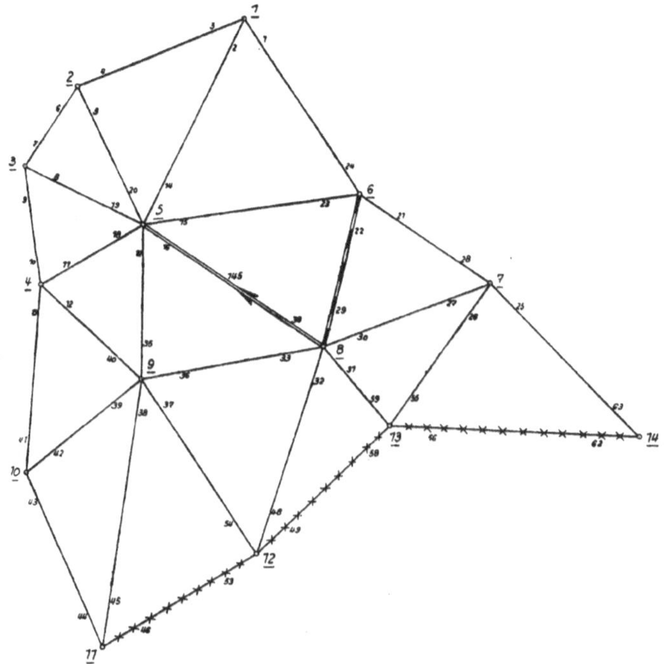

Bild 5

Die Eggertschen Funktionen und ihre Werte nach der Ausgleichung des Teilsystems T_a — $(\Phi^{a.k})'$ — und nach der Hauptausgleichung — $\Phi^{a.k}$ — lauten im einzelnen:

		$(\Phi a.k)'$	$\Phi a.k$	K
$\Phi a.1$	$-L_{46}$	— 87° 12′ 13″, 259	13″, 093	K_A
$\Phi a.2$	$-L_{53}$	— 225 48 03 , 285	03 , 362	K_B
$\Phi a.3$	$-L_{49}$	— 29 21 40 , 077	40 , 027	K_C
$\Phi a.4$	$-L_{58}$	— 193 37 20 , 076	20 , 106	K_D
$\Phi a.5$	$-L_{56}$	— 56 14 39 , 990	39, 926	K_E
$\Phi a.6$	$-L_{62}$	— 153 10 50 , 700	50 , 652	K_F
$\Phi a.7$	$-\overline{11.12}$	— 4.5642 1292	1316	K_G
$\Phi a.8$	$-\overline{12.13}$	— 4.5154 6950	6956	K_H
$\Phi a.9$	$-\overline{13.14}$	— 4.7123 5823	5735	K_I
$\Phi a.10$	—(13.14)	— 84° 54′ 52″, 464	52″, 580	K_K

In der letzten, mit K überschriebenen Spalte, sind die zu den Eggertschen Funktionen $\Phi^{a.k}$ gehörigen Korrelaten der Hauptausgleichung angegeben. Die Bezifferung der Beobachtungen L_e ist dieselbe wie in [15], also durchlaufend durch alle Teilsysteme.

Teilnetz T_b

Eine Übersicht über das Teilnetz T_b gibt Bild 6. Teilnetz T_b stößt entlang dem Polygon Muxerath-Prümscheid-Hohe Acht-Montabaur an das Teilnetz T_a an, die Seite Höcherberg-Calmit hat es mit dem Teilnetz T_c gemeinsam.

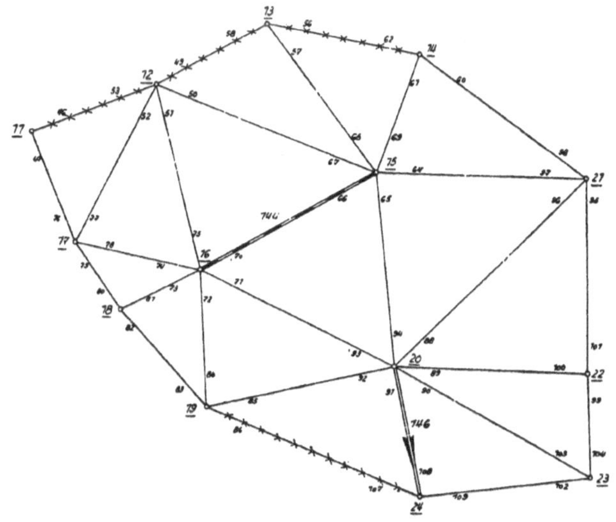

Bild 6

Die Eggertschen Funktionen und ihre Werte nach der Ausgleichung des Teilsystems T_b — $(\Phi^{b.k})'$ — und nach der Hauptausgleichung — $\Phi^{b.k}$ — lauten im einzelnen:

		$(\Phi b.k)'$	$\Phi b.k$	K
$\Phi b.1$	L_{46}	87° 12′ 12″, 849	13″, 092	K_A
$\Phi b.2$	L_{53}	225 48 03 , 485	03 , 361	K_B
$\Phi b.3$	L_{49}	29 21 40 , 066	40 , 027	K_C
$\Phi b.4$	L_{58}	193 37 20 , 188	20 , 105	K_D
$\Phi b.5$	L_{56}	56 14 39 , 926	39 , 926	K_E
$\Phi b.6$	L_{62}	153 10 50 , 855	50 , 652	K_F
$\Phi b.7$	$\overline{11.12}$	4.5642 1202	1320	K_G
$\Phi b.8$	$\overline{12.13}$	4.5154 6904	6953	K_H
$\Phi b.9$	$\overline{13.14}$	4.7123 5593	5734	K_I
$\Phi b.10$	(13.14)	84° 54′ 53″, 013	52″, 579	K_K
$\Phi b.11$	L_{86}	155 14 50 , 708	50 , 625	K_L
$\Phi b.12$	L_{107}	117 38 35 , 943	35 , 837	K_M
$\Phi b.13$	$\overline{19.24}$	4.7779 9280	9330	K_N

Teilnetz T_c

Wir wenden uns nun dem Teilnetz T_c zu, dessen Konfiguration wir dem Bild 7 entnehmen. Die Dreiecksseite Höcherberg-Calmit stößt an das Teilnetz T_b an.

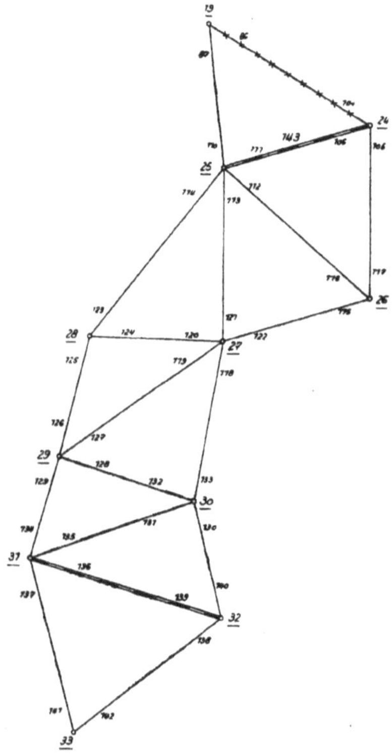

Bild 7

Die Eggertschen Funktionen und ihre Werte nach der Ausgleichung des Teilnetzes T_c — $(\Phi^{c.k})'$ — und nach der Hauptausgleichung — $\Phi^{c.k}$ — lauten im einzelnen:

		$(\Phi^{c.k})'$	$\Phi^{c.k}$	K
$\Phi^{c.1}$	$-L_{86}$	— 155° 14′ 50″, 459	50″, 624	K_L
$\Phi^{c.2}$	$-L_{107}$	— 117° 38′ 35″, 736	35″, 838	K_M
$\Phi^{c.3}$	$-\overline{19,24}$	— 4.7779 9317	9330	K_N

Hauptausgleichung

Die Bedingungsgleichungen der Hauptausgleichung lauten folgendermaßen:

$$\begin{aligned}
&\Phi^{a.1} + \Phi^{b.1} = 0 &\qquad &\Phi^{a.8} + \Phi^{b.8} = 0\\
&\Phi^{a.2} + \Phi^{b.2} = 0 & &\Phi^{a.9} + \Phi^{b.9} = 0\\
&\Phi^{a.3} + \Phi^{b.3} = 0 & &\Phi^{a.10} + \Phi^{b.10} = 0\\
&\Phi^{a.4} + \Phi^{b.4} = 0 & &\Phi^{c.1} + \Phi^{b.11} = 0\\
&\Phi^{a.5} + \Phi^{b.5} = 0 & &\Phi^{c.2} + \Phi^{b.12} = 0\\
&\Phi^{a.6} + \Phi^{b.6} = 0 & &\Phi^{c.3} + \Phi^{b.13} = 0\\
&\Phi^{a.7} + \Phi^{b.7} = 0 & &
\end{aligned}$$

Den Bedingungsgleichungen der Hauptausgleichung kann auch die in Tafel 12 angegebene Form gegeben werden, wenn wir die Differentiale $\Delta\Phi^{i.k}$ einführen.

Wir erhalten das System der Normalgleichungskoeffizienten der Hauptausgleichung auf denkbar einfache Weise aus den Systemen von Gewichtskoeffizienten der Teilsysteme T_a, T_b, T_c. Betrachten wir die Dreiecksmatrix der Gewichtskoeffizienten des Teilsystems T_b. Zwei Untermatrizen dieser Dreiecksmatrix sind durch Umrandung mit — — — — — und — · — · — · — hervorgehoben. Zu der mit — — — — — umrandeten Dreiecksmatrix beim Teilsystem T_b addieren wir die Dreiecksmatrix von Gewichtskoeffizienten des Teilsystems T_a, und zu der mit — · — · — · — umrandeten Dreiecksmatrix beim Teilsystem T_b addieren wir die Dreiecksmatrix von Gewichtskoeffizienten des Teilsystems T_c. Wir haben dann die Dreiecksmatrix der Normalgleichungskoeffizienten der Hauptausgleichung erhalten.

Abschließend geben wir noch die Gesamtsumme $[vvp]$ mit Proberechnung an.

$$\begin{aligned}
-[w^a K'_a] &= 1,7731\\
-[w^b K'_b] &= 0,9559\\
-[w^c K'_c] &= 0,7880\\
-[W K] &= 0,4438\\
\hline
[vvp] &= 3,9608
\end{aligned}$$

Die direkte Berechnung aus den Verbesserungen v und den Gewichten p ergab $[vvp] = 3,9610$.

Literaturverzeichnis

1. EGGERT, O.: Über die Ausgleichung großer Dreiecksnetze. Verh. d. Balt. Geod. Kommission, 1936. Helsinki 1937. S. 27, 28, 114—119.
2. EGGERT, O.: Ein Beitrag zur Ausgleichung des europäischen Dreiecksnetzes. Bull. Géodésique 1936. S. 474—480.
3. ASPLUND, L.: Über einige Methoden für die Ausgleichung großer Dreiecksnetze. Stockholm 1945.
4. K. FRIEDRICH † und W. JENNE: Geometrisch-anschauliche Auflösung linearer mit Nullkoeffizienten ausgestatteter Gleichungssysteme. Veröffentl. des Geod. Institutes in Potsdam Nr. 5, 1951.
5. Das Zentraleuropäische Dreiecksnetz. Grundlagen. Veröffentl. d. Inst. f. Erdmessung. Nr. 1. Bamberg 1949.
6. Prof. HANS BOLTZ und sein Werk. Veröffentl. d. Inst. f. Erdmessung. Nr. 3. Bamberg 1949.
7. Beiträge zum Zusammenschluß von Dreiecksnetzen. Veröffentl. d. Inst. f. Erdmessung. Nr. 10. Bamberg 1950.
8. BOLTZ, H.: Über das Ausgleichen geodätischer Netze. ... Z. f. Vermessungswesen 1919. S. 41.
9. HÖNYI, EDE: Die Eggertsche Methode und die Ausgleichung großer trigonometrischer Netze (ungarisch). Földméréstani közlemények. 1952, 4. S. 193. Budapest.
10. HELMERT, F. R.: Die Ausgleichungsrechnung nach der Methode der kleinsten Quadrate. Berlin 1924.
11. Jahresbericht des Direktors des Geodätischen Institutes von April 1939 bis März 1940. Potsdam 1940.
12. HAZAY, ST.: Über Ausgleichung von Landestriangulationsnetzen und kontinentalen Triangulationsnetzen. Acta Technica. VI. 3—4, Budapest 1953.
13. ÖLANDER, V. R.: Adjustment of the Baltic Ring. Baltic Geodetic commission. Special publication Nr. 10. Helsinki 1949.
14. TIENSTRA, J. M.: An extension of the technique of the methods of least squares to correlated observations. Bulletin géodésique. 1947, 6. S. 301.
15. BOLTZ, H.: Entwicklungsverfahren zum Ausgleichen ... Veröffentl. d. Preuss. Geodätischen Institutes. Neue Folge 90.
16. JORDAN-EGGERT: Handbuch der Vermessungskunde. I., III 2. S. 453. Stuttgart 1941.
17. LEHMANN, G.: Über ein Verfahren zur gruppenweisen Ausgleichung von Dreiecksnetzen nach bedingten Beobachtungen unter besonderer Berücksichtigung von Kranzsystemen. Z. f. Vermessungswesen 1937. S. 193.
18. FRIEDRICH, K.: Über das Boltzsche Substitutionsverfahren. Z. f. Vermessungswesen 1940. S. 6.
19. GOTTHARDT, E.: Boltzsches Entwickelungsverfahren und Gaußscher Algorithmus. Z. f. Vermessungswesen 1953. S. 97.
20. BJERHAMMAR, ARNE: Rectangular reciprocal matrices, with special reference to geodetic calculations. Bulletin géodésique 1951. S. 188.

Anlage

$$[a^1a^1]\,K_{a.1} + [a^1a^2]\,K_{a.2} + \ldots + [a^1a^{r_a}]\,K_{a.r_a} \quad \ldots$$

$$[a^2a^1]\,K_{a.1} + [a^2a^2]\,K_{a.2} + \ldots + [a^2a^{r_a}]\,K_{a.r_a} \quad \ldots$$

. . . .

$$[a^{r_a}a^1]\,K_{a.1} + [a^{r_a}a^2]\,K_{a.2} + \ldots + [a^{r_a}a^{r_a}]\,K_{a.r_a} \quad \ldots$$

$$+ [b^1b^1]\,K_{b.1} + [b^1b^2]\,K_{b.2} + \ldots + [b^1b^{r_b}]\,K_{b.r_b} \quad \ldots$$

$$+ [b^2b^1]\,K_{b.1} + [b^2b^2]\,K_{b.2} + \ldots + [b^2b^{r_b}]\,K_{b.r_b} \quad \ldots$$

. . . .

$$+ [b^{r_b}b^1]\,K_{b.1} + [b^{r_b}b^2]\,K_{b.2} + \ldots + [b^{r_b}b^{r_b}]\,K_{b.r_b} \quad \ldots$$

. . . .

. . .

. . .

. .

. . .

$$[\bar{A}^a a^1]\,K_{a.1} + [\bar{A}^a a^2]\,K_{a.2} + \ldots + [\bar{A}^a a^{r_a}]\,K_{a.r_a} + [\bar{A}^b b^1]\,K_{b.1} + [\bar{A}^b b^2]\,K_{b.2} + \ldots + [\bar{A}^b b^{r_b}]\,K_{b.r_b} + \ldots$$

$$[\bar{B}^a a^1]\,K_{a.1} + [\bar{B}^a a^2]\,K_{a.2} + \ldots + [\bar{B}^a a^{r_a}]\,K_{a.r_a} + [\bar{B}^b b^1]\,K_{b.1} + [\bar{B}^b b^2]\,K_{b.2} + \ldots + [\bar{B}^b b^{r_b}]\,K_{b.r_b} + \ldots$$

. . . .

$$[\bar{R}^a a^1]\,K_{a.1} + [\bar{R}^a a^2]\,K_{a.2} + \ldots + [\bar{R}^a a^{r_a}]\,K_{a.r_a} + [\bar{R}^b b^1]\,K_{b.1} + [\bar{R}^b b^2]\,K_{b.2} + \ldots + [\bar{R}^b b^{r_b}]\,K_{b.r_b} + \ldots$$

33)

$$+ [a^1\bar{A}^a]\,K_A + [a^1\bar{B}^a]\,K_B + \ldots + [a^1\bar{R}^a]\,K_R - w_1^a = 0$$

$$+ [a^2\bar{A}^a]\,K_A + [a^2\bar{B}^a]\,K_B + \ldots + [a^2\bar{R}^a]\,K_R - w_2^a = 0$$

$$\ldots\ldots\ldots\ldots\ldots\ldots\ldots\ldots\ldots\ldots$$

$$+ [a^{r_a}\bar{A}^a]\,K_A + [a^{r_a}\bar{B}^a]\,K_B + \ldots + [a^{r_a}\bar{R}^a]\,K_R - w_{r_a}^a = 0$$

$$+ [b^1\bar{A}^b]\,K_A + [b^1\bar{B}^b]\,K_B + \ldots + [b^1\bar{R}^b]\,K_R - w_1^b = 0$$

$$+ [b^2\bar{A}^b]\,K_A + [b^2\bar{B}^b]\,K_B + \ldots + [b^2\bar{R}^b]\,K_R - w_1^b = 0$$

$$\ldots\ldots\ldots\ldots\ldots\ldots\ldots\ldots\ldots\ldots$$

$$+ [b^{r_b}\bar{A}^b]\,K_A + [b^{r_b}\bar{B}^b]\,K_B + \ldots + [b^{r_b}\bar{R}^b]\,K_R - w_{r_b}^b = 0$$

$$\ldots\ldots\ldots\ldots\ldots\ldots\ldots\ldots\ldots\ldots \qquad (92)$$

$$r^1]\,K_{r.1} + [r^1r^2]\,K_{r.2} + \ldots + [r^1r^{r_r}]\,K_{r.r_r} + [r^1\bar{A}^r]\,K_A + [r^1\bar{B}^r]\,K_B + \ldots + [r^1\bar{R}^r]\,K_R - w_1^r = 0$$

$$r^1]\,K_{r.1} + [r^2r^2]\,K_{r.2} + \ldots + [r^2r^{r_r}]\,K_{r.r_r} + [r^2\bar{A}^r]\,K_A + [r^2\bar{B}^r]\,K_B + \ldots + [r^2\bar{R}^r]\,K_R - w_2^r = 0$$

$$\ldots\ldots\ldots\ldots\ldots\ldots\ldots\ldots\ldots\ldots$$

$$K_{r.1} + [r^{r_r}r^2]\,K_{r.2} + \ldots + [r^{r_r}r^{r_r}]\,K_{r.r_r} + [r^{r_r}\bar{A}^r]\,K_A + [r^{r_r}\bar{B}^r]\,K_B + \ldots + [r^{r_r}\bar{R}^r]\,K_R - w_{r_r}^r = 0$$

$$+ [\bar{A}^r r^2]\,K_{r.2} + \ldots + [\bar{A}^r r^{r_r}]\,K_{r.r_r} + \sum_i [\bar{A}^i\bar{A}^i]\,K_A + \sum_i [\bar{A}^i\bar{B}^i]\,K_B + \ldots + \sum_i [\bar{A}^i\bar{R}^i]\,K_R - w_A = 0$$

$$+ [\bar{B}^r r^2]\,K_{r.2} + \ldots + [\bar{B}^r r^{r_r}]\,K_{r.r_r} + \sum_i [\bar{B}^i\bar{A}^i]\,K_A + \sum_i [\bar{B}^i\bar{B}^i]\,K_B + \ldots + \sum_i [\bar{B}^i\bar{R}^i]\,K_R - w_B = 0$$

$$\ldots\ldots\ldots\ldots\ldots\ldots\ldots\ldots\ldots\ldots$$

$$+ [\bar{R}^r r^2]\,K_{r.2} + \ldots + [\bar{R}^r r^{r_r}]\,K_{r.r_r} + \sum_i [\bar{R}^i\bar{A}^i]\,K_A + \sum_i [\bar{R}^i\bar{B}^i]\,K_B + \ldots + \sum_i [\bar{R}^i\bar{R}^i]\,K_R - w_R = 0$$

Bedingungsgleichungen/Korrelatengleichungen

p	v	$K_{a\cdot1}$	$K_{a\cdot2}$	$K_{a\cdot3}$	$K_{a\cdot4}$	$K_{a\cdot5}$	$K_{a\cdot6}$	K_A	K_B	K_C	K_D	K_E	K_F	$(v_e^a)'$	v_e^a
1	v_1^a	—1					+0,371369							+1,3338	+1,3428
1	v_2^a	+1	—1				—1,026410							—1,6247	—1,6487
1	v_3^a		+1				+0,655041							+0,2909	+0,3059
1	v_4^a					—1							—0,477935	—0,0657	—0,6891
1	v_5^a	—1				+1	—0,996487						+0,477935	—1,0639	—0,7425
1	v_6^a	+1					+0,996487							+1,1296	+1,4316
0,5	v_7^a					—1		+1					+0,588851	—0,1314	+0,6430
1	v_8^a					+1							—0,588851	+0,0657	—0,1834
1	v_9^a				—1							+0,882134		+0,0248	—0,3677
0,5	v_{10}^a				+1						+1	—0,882134		—0,0496	+0,7158
1	v_{11}^a			—1								+0,271257		+0,3361	+0,2133
1	v_{12}^a			+1	—1							—0,537710		—0,3113	+0,2510
1	v_{13}^a				+1							+0,266453		—0,0248	—0,4642
1	v_{14}^a		—1				+0,080631							+1,0340	+1,1863
1	v_{15}^a		+1	—1			—0,080631					—0,637198		—0,6980	—0,3150
1	v_{16}^a			+1								+0,637198		—0,3361	—0,8713
1	v_{17}^a	+1				—1								—0,7307	—0,8878
0,5	v_{18}^a					+1			+1					+0,1314	+0,0530
0,5	v_{19}^a				—1					+1				+0,0496	+0,0329
1	v_{20}^a			—1	+1									+0,3113	+0,1385
1	v_{21}^a		—1	+1										+0,5528	+0,6130
1	v_{22}^a	—1	+1											—0,2238	—0,4332

Tafel 1

Normalgleichungen und deren Reduktion nach dem „modernisierten“ Gaußschen Algorithmus, einschließlich der Bildung des Systems der Gewichtskoeffizienten — p(

$K_{a\cdot1}$	$K_{a\cdot2}$	$K_{a\cdot3}$	$K_{a\cdot4}$	$K_{a\cdot5}$	$K_{a\cdot6}$	K_A
+6,0 —1	—2,0 +0,333333	0 0	0 0	—2,0 +0,333333	+0,595195 —0,099199	0 0
—0,665021 —0,589574	+6,0 +5,333333 —1	—2,0 —2,0 +0,375000	0 0 0	0 —0,666667 +0,125000	+1,520189 +1,718587 —0,322235	0 0 0
	—0,888812 —1,022764	+6,0 +5,250000 —1	—2,0 —2,0 +0,380952	0 —0,250000 +0,047619	+0,080631 +0,725101 —0,138114	0 0 0
		—0,336059 —0,409741	+8,0 +7,238096 —1	0 —0,095238 +0,013158	0 +0,276229 —0,038163	0 0 0
			—0,024764 —0,271247	+8,0 +7,236843 —1	—0,996487 —0,545102 +0,075323	—2,0 —2,0 +0,276364
				+0,065691 +0,298211	+3,619487 +2,854908 —1	0 —0,150646 +0,052767
					+1,800900 +2,028310	+2,0 +1,439323

1. $-[0 \cdot 6] = 9{,}8061$

2. $-[w^a \cdot K_a] = 9{,}8061$

3. $[v'v'p] = 9{,}8065$

K_C	K_D	K_E	K_F	$-w^a$	$s \cdot w^a$	Σ
0	0	0	—0,477935	+1,272000	+3,389260	+3,389260
0	0	0	+0,079656	—0,212000	—0,564877	—0,564877
0	0	—0,637198	0	+0,593000	+3,475991	+3,475991
0	0	—0,637198	—0,159312	+1,017000	+4,605743	+4,605743
0	0	+0,119475	+0,029871	—0,190688	—0,863577	—0,863577
0	0	+0,465429	0	+0,044000	+2,590060	+2,590060
0	0	+0,226480	—0,059742	+0,425375	+4,317214	+4,317214
0	0	—0,043139	+0,011379	—0,081024	—0,822326	—0,822327
—2,0	+2,0	—1,842239	0	—0,474000	+3,683761	+3,683761
—2,0	+2,0	—1,755961	—0,022759	—0,311953	+5,328412	+5,328414
+0,276316	—0,276316	+0,242600	+0,003144	+0,043099	—0,736162	—0,736162
0	0	0	—0,810683	—0,061000	+4,131830	+4,131830
—0,026316	+0,026316	—0,091970	—0,993053	+0,506276	+6,112993	+6,112994
+0,003636	—0,003636	+0,012709	+0,137222	—0,069958	—0,844704	—0,844704
0	0	+0,051378	—0,476256	—4,678800	—0,284664	—0,284663
+0,074344	—0,074344	+0,285511	—0,443189	—5,141405	—2,444174	—2,444175
—0,026041	+0,026041	—0,100007	+0,155238	+1,800900	+0,856130	+0,856131
0	0	0	+1,177702	0	+1,177702	+1,177702
—0,003350	+0,003350	—0,010352	+0,879872	—0,131380	+2,738141	+2,738140
0	0	0	0	0	+4,0	+4,0
+0,003350	—0,003350	+0,010352	+0,297830	+0,131380	+2,439561	+2,439562
+2,0	0	0	0	0	0	0
+1,445336	+0,554664	—0,492970	+0,001642	+0,049531	+1,558201	+1,558203
	+2,0	—1,764268	0	0	+2,235732	+2,235732
	+1,445336	—1,271298	—0,001042	—0,049531	+0,677531	+0,677529
		+3,580233	0	0	—0,146665	—0,146665
		+3,038616	+0,009723	+0,548087	+1,832163	+1,832158
			+1,497080	0	+0,909908	+0,909908
			+1,248431	—0,593108	+1,842748	+1,842749

Tafel 2

Bedingungsgleichungen / Korrelatengleichungen

p	v	$K_{b.1}$	$K_{b.2}$	K_A	K_B	K_C	K_D	K_E	K_F	$(v_e^b)'$	v_e^b
1	v_1^b	—1						+ 0,437 521		—0'',0886	—0'',4596
0,5	v_2^b	+1		—1				—0,437 521		+0 ,1772	+0 ,6430
1	v_3^b		—1					+ 1,029 277		+0 ,0235	—0 ,5072
1	v_4^b	—1	+1					—1,029 277	+ 0,339 602	—0 ,1121	+0 ,6422
1	v_5^b	+1							—0,339 602	+0 ,0886	—0 ,1350
0,5	v_6^b		—1				—1	—0,151 536		+0 ,0470	+0 ,7158
1	v_7^b		+1					+ 0,151 536		—0 ,0235	—0 ,3481
0,5	v_8^b	—1			—1			—1,095 576	—1,095 576	—0 ,1772	+0 ,0530
1	v_9^b	+1	—1					+ 1,095 576	+ 1,095 576	+0 ,1121	+0 ,4836
0,5	v_{10}^b		+1			—1				—0 ,0470	+0 ,0329

Tafel 3

Normalgleichungen und deren Reduktion nach dem „modernisierten“ Gaußschen Algorithmus, einschließlich der Bildung des Systems der Gewichtskoeffizienten $\frac{1}{p_{(b \cdot k)\,(b \cdot k')}}$

$K_{b \cdot 1}$	$K_{b \cdot 2}$	K_A	K_B	K_C	K_D	K_E	K_F	$-w^b$	$s-w^b$	Σ
+8,0 —1	—2,0 +0,250000	—2,0 +0,250000	+2,0 —0,250000	0 0	0 0	+3,003442 —0,375430	+2,607524 —0,325940	—0,756000 +0,094500	+10,854966 —1,356871	+10,854966 —1,356870
+0,088633 +0,142713	+8,0 +7,500000 —1	0 —0,500000 +0,066667	0 +0,500000 —0,066667	—2,0 —2,0 +0,266667	+2,0 +2,0 —0,266667	—2,699522 —1,948662 +0,259822	—0,755974 —0,104093 +0,013879	+0,365000 +0,176000 —0,023467	+2,909504 +5,623246 —0,749767	+2,909504 +5,623245 —0,749766
	—0,023467 —0,238339	+2,0 +1,466667	0 +0,533333	0 —0,133333	0 +0,133333	+0,875042 +1,495991	0 +0,644941	0 —0,177267	+0,875042 +3,963668	+0,875042 +3,963666
			+2,0 +1,466667	0 +0,133333	0 —0,133333	+2,191152 +1,570203	+2,191152 +1,546211	0 +0,177267	+8,382304 +5,293678	+8,382304 +5,293681
				+2,0 +1,466667	0 +0,533333	0 —0,519644	0 —0,027758	0 +0,046933	0 +1,499534	0 +1,499531
					+2,0 +1,466667	+0,303072 +0,822716	0 +0,027758	0 —0,046933	+4,303072 +2,803538	+4,303072 +2,803541
						+6,362846 +4,728959	+3,251316 +2,245328	0 +0,329554	+13,287348 +10,673111	+13,287348 +10,673107
							+3,831519 +2,980178	0 +0,248853	+11,125537 +7,665514	+11,125537 +7,665511

1. $-[0 \cdot 2] = 0{,}0756$
2. $-[w^b K_b] = 0{,}0756$
3. $[v'v'p] = 0{,}0755$

Tafel 4

Normalgleichungen der Hauptausgleichung und deren Reduktion nach dem „modernisierten“ Gaußschen Algorithmus

K_A	K_B	K_C	K_D	K_E	K_F	$-W$	$s-W$	Σ
+2,905900 —1	+1,094010 —0,376467	—0,136683 +0,047035	+0,136683 —0,047035	+1,485639 —0,511233	+1,524813 —0,524714	—0,308600 +0,106194	+6,701852 —2,306220	+6,701852 —2,306220
+0,138093	+2,905990 +2,494131 —1	+0,136683 +0,188140 —0,075433	—0,136683 —0,188140 +0,075433	+1,580555 +1,021261 —0,409466	+1,844041 +1,269999 —0,509195	+0,308600 +0,424778 —0,170311	+7,733196 +5,210170 —2,088972	+7,733196 +5,210169 —2,088972
	—0,271708	+2,912003 +2,891382 —1	+1,087997 +1,108618 —0,383421	—1,012614 —1,019774 +0,352694	—0,026116 —0,050196 +0,017361	+0,096600 +0,050043 —0,017308	+3,057870 +2,980073 —1,030674	+3,057870 +2,980073 —1,030674
		—0,254827	+2,912003 +2,466315 —1	—0,448582 —0,050419 +0,020443	+0,026116 +0,069442 —0,028156	—0,096600 —0,069230 +0,028070	+3,480934 +2,416109 —0,979643	+3,480934 +2,416108 —0,979643
			—0,009766	+7,767575 +6,229197 —1	+2,255051 +0,939211 —0,150776	+3,743685 +3,743754 —0,601001	+15,371309 +10,912160 —1,751776	+15,371309 +10,912162 —1,751777
				—0,724319	+4,228609 +2,637404 —1	—1,541093 —2,157111 +0,817892	+8,311421 +0,480290 —0,182107	+8,311421 +0,480293 —0,182108
					+0,817892	0 —4,122209	+2,202592 —4,122213	+2,202592 —4,122209

1. $-[0 \cdot 6] = 4{,}1222$
2. $-[WK] = 4{,}1222$

Tafel 5

p	v	$K_{a.1}$	$K_{a.2}$	$K_{a.3}$	$K_{a.4}$	$K_{a.5}$	$K_{a.6}$	$K_{a.7}$	$K_{a.8}$	$K_{a.9}$	$K_{a.10}$	$K_{a.11}$	$K_{a.12}$	$K_{a.13}$	$K_{a.14}$	$K_{a.15}$
1	1													−1		
1	2	−1												+1		
1	3	+1														
1	4	−1														
1	5	+1	−1													
1	6		+1													
1	7		−1													
1	8		+1	−1												
1	9			+1												
1	10			−1												
1	11			+1	−1											
1	12				+1	−1										
1	13					+1										
1	14	+1												−1		
1	15												−1	+1		
1	16												+1		−1	
1	17				−1										+1	
1	18			−1	+1											
1	19		−1	+1												
1	20	−1	+1													
1	21											−1				
1	22											+1	−1			
1	23												+1	−1		
1	24													+1		
1	25															−1
1	26										−1					+1
1	27										+1	−1				
1	28											+1				
1	29											−1	+1			
1	30										−1	+1				
1	31									−1	+1					
1	32								−1	+1						
1	33								+1						−1	
1	34												−1		+1	
1	35				+1										−1	
1	36								−1						+1	
1	37							−1	+1							
1	38						−1	+1								
1	39					−1	+1									
1	40				−1	+1										
1	41					−1										
1	42					+1	−1									
1	43						+1									
1	44						−1									
1	45						+1	−1								
0,5	46							+1								
1	48								+1	−1						
0,5	49									+1						
0,5	53							−1								
1	54							+1	−1							
1	55										+1					−1
0,5	56															+1
0,5	58									−1						
1	59									+1	−1					
0,5	62															−1
1	63															+1
0,21	145															

…17	$K_{a.18}$	K_A	K_B	K_C	K_D	K_E	K_F	K_G	K_H	K_I	K_K	v'	v
												+ 0″,087	+ 0″,085
												+ 0 ,111	+ 0 ,119
												— 0 ,198	— 0 ,204
												+ 0 ,365	+ 0 ,358
												— 0 ,217	— 0 ,211
												— 0 ,148	— 0 ,148
												+ 0 ,238	+ 0 ,231
												— 0 ,301	— 0 ,301
												+ 0 ,064	+ 0 ,070
												+ 0 ,047	+ 0 ,033
2665												— 0 ,273	— 0 ,286
3931												— 0 ,136	— 0 ,137
4266												+ 0 ,362	+ 0 ,390
												— 0 ,291	— 0 ,285
	+ 1,0956							— 1,0956				— 0 ,225	— 0 ,256
7148	— 1,8104							+ 1,8104				+ 0 ,170	+ 0 ,170
3808	+ 0,7148							— 0,7148				— 0 ,261	— 0 ,259
6660												+ 0 ,302	+ 0 ,315
												+ 0 ,214	+ 0 ,220
												+ 0 ,091	+ 0 ,095
	+ 0,3810								+ 0,3810	+ 0,3810		— 0 ,089	— 0 ,006
	— 0,8185							+ 0,4375	— 0,3810	— 0,3810		— 0 ,026	— 0 ,066
	+ 0,4375							— 0,4375				+ 0 ,072	+ 0 ,037
												+ 0 ,043	+ 0, 035
										+ 0,1541		— 0 ,077	— 0, 050
	+ 1,5909								+ 1,5909	— 0,1541		— 0 ,066	— 0, 118
	— 2,2687								— 2,2687	— 0,6778		+ 0 ,073	+ 0, 022
	+ 0,6778								+ 0,6778	+ 0,6778		+ 0 ,070	+ 0, 145
												+ 0 ,136	+ 0, 133
										+ 0,2504		— 0 ,031	— 0, 037
									+ 0,6702	— 0,2504	— 1	+ 0 ,002	— 0, 078
6374								+ 0,6374	— 0,6702			+ 0 ,115	+ 0, 132
6667								— 0,6374				— 0 ,094	— 0 ,060
0293											+ 1	— 0 ,128	— 0 ,095
	+ 0,1515							— 0,1515				— 0 ,021	— 0, 050
	— 0,5459							+ 0,1515				+ 0 ,079	+ 0, 050
	+ 0,3944							+ 0,8134				— 0 ,110	— 0 ,154
								— 0,8134				— 0 ,228	— 0, 148
												+ 0 ,072	+ 0 ,102
												+ 0 ,206	+ 0 ,200
7348												— 0 ,245	— 0 ,278
7262												— 0 ,146	— 0 ,173
0086												+ 0 ,390	+ 0 ,451
2693												— 0 ,263	— 0 ,329
1395								— 0,8702				+ 0 ,012	— 0 ,091
8702		— 1						+ 0,8702				+ 0 ,503	+ 0 ,337
7254	— 2,5029							+ 0,7254	— 1,7775			+ 0 ,069	+ 0 ,084
	+ 1,7775			— 1					+ 1,7775			+ 0 ,159	+ 0 ,109
1735			— 1									— 0 ,293	— 0 ,216
8989	+ 0,7254							— 0,7254				— 0 ,002	+ 0 ,015
	+ 0,3267								+ 0,3267	+ 0,3267		+ 0 ,030	+ 0 ,101
						— 1					— 1	+ 0 ,154	+ 0, 090
	— 0,0782				— 1							— 0 ,221	— 0 ,191
	— 0,2485								— 0,3267	— 0,3267	+ 1	+ 0 ,003	+ 0 ,005
							— 1			— 1,0907		— 0 ,154	— 0 ,202
										+ 1,0907		+ 0 ,077	+ 0 ,242
											— 1		+ 0 ,290

Tafel 6

Normalgleichungen und deren Reduktion nach dem „modernisierten“ Gaußschen Algorithmus, einschließlich der Bildung des Systems von Gewichtskoeffizienten $\frac{1}{p_{(a.k)(a.k')}}$

$K_{a.1}$	$K_{a.2}$	$K_{a.3}$	$K_{a.4}$	$K_{a.5}$	$K_{a.6}$	$K_{a.7}$	$K_{a.8}$	$K_{a.9}$	$K_{a.10}$	$K_{a.11}$	$K_{a.12}$	$K_{a.13}$	$K_{a.14}$	$K_{a.15}$	B
+6	−2	0	0	0	0	0	0	0	0	0	0	−2	0	0	+
−1	+0,3333	0	0	0	0	0	0	0	0	0	0	+0,3333	0	0	−
−0,3193	+6	−2	0	0	0	0	0	0	0	0	0	0	0	0	+
	+5,3333	−2	0	0	0	0	0	0	0	0	0	−0,6667	0	0	+
−0,3166	−1	+0,3750	0	0	0	0	0	0	0	0	0	+0,1250	0	0	−
	−0,2280	+6	−2	0	0	0	0	0	0	0	0	0	0	0	+
		+5,2500	−2	0	0	0	0	0	0	0	0	−0,2500	0	0	+
	−0,2217	−1	+0,3810	0	0	0	0	0	0	0	0	+0,0476	0	0	−
		−0,0142	+6	−2	0	0	0	0	0	0	0	0	−2	0	−
			+5,2380	−2	0	0	0	0	0	0	0	−0,0052	−2	0	−
		−0,0021	−1	+0,3818	0	0	0	0	0	0	0	+0,0182	+0,3818	0	+
			+0,2205	+6	−2	0	0	0	0	0	0	0	0	0	+
				+5,2364	−2	0	0	0	0	0	0	−0,0363	−0,7636	0	+
			+0,2488	−1	+0,3819	0	0	0	0	0	0	+0,0069	+0,1458	0	−
				+0,3190	+6	−2	0	0	0	0	0	0	0	0	
					+5,2362	−2	0	0	0	0	0	−0,0139	−0,2916	0	+
				+0,3491	−1	+0,3820	0	0	0	0	0	+0,0027	+0,0557	0	−
					+0,3914	+8	−2	0	0	0	0	0	0	0	
						+7,2360	−2	0	0	0	0	−0,0053	−0,1114	0	+
					+0,4515	−1	+0,2764	0	0	0	0	+0,0007	+0,0154	0	−
						+0,1638	+6	−2	0	0	0	0	−2	0	+
							+5,4472	−2	0	0	0	−0,0015	−2,0308	0	+
						+0,3190	−1	+0,3672	0	0	0	+0,0003	+0,3728	0	−
							+0,0613	+8	−2	0	0	0	0	0	
								+7,2656	−2	0	0	−0,0006	−0,7457	0	+
							+0,1684	−1	+0,2753	0	0	+0,0001	+0,1026	0	−
								+0,1118	+6	−2	0	0	0	−2	
									+5,4494	−2	0	−0,0002	−0,2053	−2	+
								+0,2441	−1	+0,3670	0	+0,0000	+0,0377	+0,3670	−
									+0,1134	+6	−2	0	0	0	+
										+5,2660	−2	−0,0001	−0,0753	−0,7340	+
									+0,1311	−1	+0,3798	+0,0000	+0,0143	+0,1394	−
										+0,0823	+6	−2	−2	0	+
											+5,2404	−2,0000	−2,0286	−0,2788	+
										+0,0558	−1	+0,3817	+0,3871	+0,0532	−
											+0,1766	+6	0	0	−
												+4,4727	−0,8175	−0,1064	+
											+0,1504	−1	+0,1828	+0,0238	−
												−0,0285	+6	0	−
													+3,3300	−0,2133	−
												−0,0315	−1	+0,0641	+
													+0,1121	+8	
														+7,1326	+
													+0,1715	−1	−
														+0,0769	+1
															+1
														+0,0733	−
															+
															+

1. $-[0 \cdot 18] = 1{,}7732$

2. $-[w^a \cdot K_a'] = 1{,}7731$

3. $[v'v'p] = 1{,}7728$

	$K_{a.18}$	K_A	K_B	K_C	K_D	K_E	K_F	K_G	K_H	K_I	K_K	$-w^a$	$s-w^a$	Σ
	0 0	0 0	0 0	0 0	0 0	0 0	0 0	0 0	0 0	0 0	0 0	+1,2720 —0,2120	+ 4,3451 — 0,7242	+ 4,3451 — 0,7242
	0 0 0	0 0 0	0 0 0	0 0 0	0 0 0	0 0 0	0 0 0	0 0 0	0 0 0	0 0 0	0 0 0	+0,5930 +1,0170 —0,1907	+ 3,4760 + 4,9242 — 0,9233	+ 3,4760 + 4,9243 — 0,9233
5 5 1	0 0 0	0 0 0	0 0 0	0 0 0	0 0 0	0 0 0	0 0 0	0 0 0	0 0 0	0 0 0	0 0 0	+0,0440 +0,4254 —0,0810	+ 2,1904 + 4,0370 — 0,7690	+ 2,1904 + 4,0371 — 0,7689
2 0 5	— 0,5633 — 0,5633 + 0,1075	0 0 0	0 0 0	0 0 0	0 0 0	0 0 0	0 0 0	+ 0,5633 + 0,5633 — 0,1075	0 0 0	0 0 0	0 0 0	—0,4740 —0,3119 +0,0595	— 0,4982 + 1,0399 — 0,1985	— 0,4982 + 1,0398 — 0,1986
3 7 0	0 — 0,2151 + 0,0411	0 0 0	0 0 0	0 0 0	0 0 0	0 0 0	0 0 0	0 + 0,2151 — 0,0411	0 0 0	0 0 0	0 0 0	—0,7310 —0,8501 +0,1623	+ 1,5433 + 1,9403 — 0,3705	+ 1,5433 + 1,9405 — 0,3707
2 2 8	0 — 0,0821 + 0,0157	0 0 0	0 0 0	0 0 0	0 0 0	0 0 0	0 0 0	— 0,0568 + 0,0253 — 0,0048	0 0 0	0 0 0	0 0 0	—1,1110 —1,4357 +0,2742	— 1,8590 — 1,1180 + 0,2135	— 1,8590 — 1,1178 + 0,2136
9 2 2	+ 0,3310 + 0,2996 — 0,0414	—2 —2 +0,2764	+2 +2 —0,2764	0 0 0	0 0 0	0 0 0	0 0 0	+ 0,2583 + 0,2680 — 0,0370	0 0 0	0 0 0	0 0 0	—0,6650 —1,2134 +0,1677	+ 6,5581 + 6,1310 — 0,8473	+ 6,5582 + 6,1307 — 0,8472
8 3 2	— 2,2880 — 2,2052 + 0,4048	0 —0,5528 +0,1015	0 +0,5528 —0,1015	0 0 0	0 0 0	0 0 0	0 0 0	+ 0,8379 + 0,9120 — 0,1674	— 1,1073 — 1,1073 + 0,2033	0 0 0	0 0 0	+0,3270 —0,0084 +0,0015	— 2,0324 — 0,3378 + 0,0620	— 2,0324 — 2,3378 + 0,0620
0 4 0	+ 5,9657 + 5,1560 — 0,7096	0 —0,2030 +0,0279	0 +0,2030 —0,0279	—2 —2 +0,2753	+2 +2 —0,2753	0 0 0	0 0 0	— 0,0880 + 0,2469 — 0,0340	+ 3,6653 + 3,2587 — 0,4485	—0,0763 —0,0763 +0,0105	+2 +2 —0,2753	—0,4270 —0,4301 +0,0592	+14,9516 +14,8276 — 2,0407	+14,9517 +14,8275 — 2,0408
0 8	— 3,2844 — 1,8650 + 0,3422	0 —0,0559 +0,0103	0 +0,0559 —0,0103	0 —0,5506 +0,1010	0 +0,5506 —0,1010	0 0 0	0 0 0	0 + 0,0680 — 0,0125	— 2,5360 — 1,6389 + 0,3007	—0,3711 —0,3921 +0,0720	—2 —1,4494 +0,2660	—0,1980 —0,3164 +0,0581	— 8,3895 — 4,3075 + 0,7904	— 8,3895 — 4,3078 + 0,7905
6 3	+ 1,7470 + 1,0625 — 0,2018	0 —0,0205 +0,0039	0 +0,0205 —0,0039	0 —0,2021 +0,0384	0 +0,2021 —0,0384	0 0 0	0 0 0	+ 0,4375 + 0,4625 — 0,0878	+ 2,1845 + 1,5830 — 0,3006	+0,8440 +0,7001 —0,1329	0 —0,5319 +0,1010	+0,1060 —0,0101 +0,0019	+ 7,4169 + 5,8360 — 1,1082	+ 7,4169 + 5,8361 — 1,1083
5 2 3	— 1,6500 — 1,2465 + 0,2379	0 —0,0078 +0,0015	0 +0,0078 —0,0015	0 —0,0768 +0,0147	0 +0,0768 —0,0147	0 0 0	0 0 0	+ 2,0310 + 2,2067 — 0,4211	+ 0,3810 + 0,9822 — 0,1874	+0,3810 +0,6469 —0,1234	—1 —1,2020 +0,2294	—0,7560 —0,7598 +0,1450	— 0,6828 + 1,5337 — 0,2927	— 0,6828 + 1,5338 — 0,2925
7 2	+ 0,6581 + 0,1704 — 0,0381	0 —0,0046 +0,0010	0 +0,0046 —0,0010	0 —0,0295 +0,0066	0 +0,0295 —0,0066	0 0 0	0 0 0	— 0,6581 + 0,1965 — 0,0439	0 + 0,3749 — 0,0838	0 +0,2469 —0,0552	0 —0,4586 +0,1025	—0,0610 +0,2040 —0,0456	+ 1,6018 + 4,4781 — 1,0012	+ 1,6018 + 4,4781 — 1,0012
4 0 9	+ 1,8278 + 0,7818 — 0,2348	0 —0,2640 +0,0793	0 +0,2640 —0,0793	0 —0,2640 +0,0793	0 +0,2640 —0,0793	0 0 0	0 0 0	— 1,5848 — 0,0682 + 0,0205	0 + 0,3311 — 0,0994	0 +0,2829 —0,0850	+1 +0,5938 —0,1783	+0,3650 —0,2928 +0,0879	+ 0,9953 + 4,4361 — 1,3322	+ 0,9953 + 4,4361 — 1,3322
2 4	+ 1,2642 + 0,7157 — 0,1003	0 —0,0408 +0,0057	0 +0,0408 —0,0057	0 —0,2520 +0,0353	0 +0,2520 —0,0353	—2 —2 +0,2804	+2 +2 —0,2804	0 + 0,2071 — 0,0290	+ 1,2642 + 0,9658 — 0,1354	+2,6372 +2,6493 —0,3714	—2 —2,0429 +0,3705	—0,3650 —0,5369 +0,0753	+ 8,8005 + 8,5057 — 1,1925	+ 8,8006 + 8,5053 — 1,1924
6 1 4	— 1,0464 0,7135 + 0,0613	0 +0,0451 —0,0039	0 —0,0451 +0,0039	0 +0,0410 —0,0035	0 —0,0410 +0,0035	0 +0,0050 —0,0004	0 —0,0050 +0,0004	+ 0,1639 — 0,1045 + 0,0090	— 0,1667 — 0,1414 + 0,0121	—0,1667 —0,1598 +0,0137	—1,3689 —1,1560 +0,0993	—0,6222 —1,1354 +0,0975	+ 7,9035 + 5,2099 — 0,4526	+ 7,9035 + 5,2702 — 0,4527
9 7	— 4,7487 — 5,1292 + 0,3379	—1,7403 —1,2685 +0,0836	—0,3470 —0,8188 +0,0539	0 —0,0028 +0,0002	0 +0,0028 —0,0002	0 +0,0005 —0,0000	0 —0,0005 +0,0000	+ 8,3041 + 8,3301 — 0,5488	— 1,7166 — 1,7174 + 0,1131	0 —0,0449 +0,0030	+1,0293 +0,5773 —0,0380	—0,9594 —1,6277 +0,1072	+14,1789 +13,4791 — 0,8880	+14,1789 +13,4796 — 0,8881
0 8	+27,8993 +20,0770 — 1	0 —0,3734 +0,0186	0 —0,3319 +0,0165	—3,5549 —2,2116 +0,1102	+0,1564 —1,1869 +0,0591	0 +0,2011 —0,0100	0 —0,2011 +0,0100	— 7,6650 — 4,1613 + 0,2073	+19,5499 +15,3648 — 0,7653	+2,3069 +1,9630 —0,0978	—0,2485 —2,0750 +0,1034	+0,8976 +0,3669 —0,0183	+37,6448 +27,4320 —1 ,3663	+37,6447 +27,4316 — 1,3663
	— 0,0183 — 0,0486	+2 +1,2504	0 +0,5620	0 —0,1263	0 +0,0631	0 —0,0076	0 +0,0076	— 1,7403 — 0,9456	0 + 0,1442	0 +0,0687	0 +0,0827	0 —0,5036	— 3,4806 + 0,5954	— 3,4806 + 0,5956
			+2 +1,3138	0 +0,0483	0 —0,1044	0 +0,0148	0 —0,0148	0 + 0,2046	0 + 0,1590	0 —0,0060	0 —0,0762	0 +0,2926	+ 3,6529 + 2,3932	+ 3,6530 + 2,3937
				+2,0 +1,1110	0 +0,5145	0 —0,0485	0 +0,0485	0 — 0,3283	— 3,5549 — 0,9919	0 +0,3102	0 +0,0924	0 —0,1587	— 7,1098 + 0,4727	— 7,1098 + 0,4712
					+2,0 +1,2846	0 +0,0825	0 —0,0825	0 — 0,3762	0 + 0,0383	0 +0,0221	0 —0,4437	0 +0,2208	+ 4,1563 + 1,2181	+ 4,1563 + 1,2191
						+2,0 +1,4372	0 +0,5628	0 + 0,0997	0 + 0,1172	0 +0,7233	+2,0 +1,2801	0 —0,1538	+ 2,0 + 4,1086	+ 2,0 + 4,1077
							+2,0 +1,4372	0 — 0,0997	0 — 0,1172	+2,1814 +1,4581	0 +0,7199	0 +0,1538	+ 6,1813 + 4,0727	+ 6,1814 + 4,0737
								+10,8774 + 4,2150	— 1,8833 + 1,7478	—0,1667 —0,1448	0 —0,1454	0 +1,4208	+ 9,6304 + 5,6498	+ 9,6304 + 5,6479
									+19,0177 + 4,0286	+2,0880 —0,2442	—0,9969 +0,0320	0 —0,1524	+36,1889 + 4,7597	+36,1889 + 4,7614
										+5,1644 +3,7466	—0,0763 +1,2046	0 +0,2245	+14,8358 + 7,3630	+14,8358 + 7,3631
											+9,7611 +7,0121	0 —0,2798	+ 8,0998 + 9,4802	+ 8,0998 + 9,4787

Tafel 7

p	v	$K_{b.1}$	$K_{b.2}$	$K_{b.3}$	$K_{b.4}$	$K_{b.5}$	$K_{b.6}$	$K_{b.7}$	$K_{b.8}$	$K_{b.9}$	$K_{b.10}$	$K_{b.11}$	$K_{b.12}$	$K_{b.13}$	$K_{b.14}$	$K_{b.15}$
0,5	46															−1
1	47															+1
0,5	49	−1														
1	50	+1	−1													
1	51		+1	−1												
1	52			+1												−1
0,5	53															+1
0,5	56														−1	
1	57	−1													+1	
0,5	58	+1														
1	60													−1		
1	61													+1	−1	
0,5	62														+1	
1	64												−1	+1		
1	65								−1				+1			
1	66		−1						+1							
1	67	−1	+1													
1	68	+1													−1	
1	69													−1	+1	
1	70		+1						−1							
1	71						−1		+1							
1	72					−1	+1									
1	73				−1	+1										
1	74			−1	+1											
1	75		−1	+1												
1	76															−1
1	77			−1												+1
1	78			+1	−1											
1	79				+1											
1	80				−1											
1	81				+1	−1										
1	82					+1										
1	83					−1										
1	84					+1	−1									
1	85						+1	−1								
0,5	86							+1								
1	88											−1	+1			
1	89										−1	+1				
1	90									−1	+1					
1	91							−1		+1						
1	92						−1	+1								
1	93						+1		−1							
1	94								+1				−1			
1	95											−1				
1	96											+1	−1			
1	97												+1	−1		
1	98													+1		
1	99										−1					
1	100										+1	−1				
1	101											+1				
1	102									−1						
1	103									+1	−1					
1	104										+1					
0,5	107							−1								
1	108							+1		−1						
1	109									+1						
12,678	144															
0,170	146															

	$K_{b,16}$	K_A	K_B	K_C	K_D	K_E	K_F	K_G	K_H	K_I	K_K	K_L	K_M	K_N	v'	v
		+ 1						+ 0,1182							+ 0,093	+ 0,336
								— 0,1182							— 0,046	+ 0,084
9				+ 1						— 0,6899					+ 0,148	+ 0,109
7								+ 0,7648	+ 0,7648	+ 1,4547					+ 0,032	+ 0,158
8								— 0,7648	— 0,7648	— 0,7648					— 0,197	— 0,245
															+ 0,138	+ 0,096
			+ 1												— 0,093	— 0,217
6						+ 1					+ 1				+ 0,090	+ 0,090
1									— 0,0905	— 0,0905	— 1				+ 0,010	— 0,005
5					+ 1				+ 0,0905	+ 0,0905					— 0,109	— 0,192
6															+ 0,071	+ 0,054
3										+ 0,2957					— 0,071	— 0,094
7							+ 1			— 0,2957					+ 0,001	— 0,202
	+ 0,1340														+ 0,091	+ 0,083
	— 0,5517										— 1			— 0,4177	+ 0,115	+ 0,054
	+ 0,4177							— 0,7267						+ 0,4177	— 0,193	— 0,201
								+ 0,7267	— 1,7724						— 0,026	— 0,001
									+ 1,7724	— 0,4820	+ 1				— 0,042	— 0,114
										+ 0,4820					+ 0,056	+ 0,180
4	+ 0,6506								+ 0,2978	+ 0,2978					+ 0,251	+ 0,308
6	— 1,2200													— 0,5694	— 0,134	— 0,082
	+ 0,5694													+ 0,5694	— 0,216	— 0,164
															+ 0,052	+ 0,037
								— 0,6466							— 0,119	— 0,181
78								+ 0,6466	— 0,2978	— 0,2978					+ 0,165	+ 0,082
								— 0,8431							+ 0,046	— 0,102
								+ 0,9959							— 0,093	— 0,046
								— 0,1528							+ 0,076	+ 0,137
															— 0,029	+ 0,011
															+ 0,063	+ 0,012
															— 0,061	— 0,044
															— 0,002	+ 0,032
															+ 0,060	+ 0,008
	+ 0,1633													+ 0,1633	+ 0,254	+ 0,253
	— 1,5327													— 0,1633	— 0,371	— 0,397
	+ 1,3694											+ 1			+ 0,115	+ 0,032
74															— 0,095	— 0,052
															— 0,010	+ 0,011
															+ 0,059	+ 0,044
											— 1			— 0,1606	+ 0,040	+ 0,069
														+ 0,1606	+ 0,235	+ 0,209
16														+ 0,6816	— 0,039	— 0,041
90											+ 1			— 0,6816	— 0,190	— 0,240
	+ 1,0920														+ 0,152	+ 0,154
28	— 2,0748														— 0,099	— 0,120
49	+ 0,9828														— 0,029	— 0,088
21															— 0,023	+ 0,054
	+ 0,0234														+ 0,013	+ 0,010
	— 0,0365														+ 0,005	— 0,016
	+ 0,0131														— 0,018	+ 0,006
	+ 1,4649														+ 0,246	+ 0,263
	— 2,1357														— 0,318	— 0,354
	+ 0,6708														+ 0,072	+ 0,090
	+ 0,5097												+ 1	+ 0,5097	+ 0,341	+ 0,235
	— 0,3902													— 0,5097	— 0,087	— 0,080
	— 0,1195														— 0,083	— 0,068
								+ 3,7471	+ 3,7471	+ 3,7471				+ 3,7471		+ 0,066
											+ 1					— 0,358

Tafel 8

Normalgleichungen und deren Reduktion nach dem „modernisierten“ Gaußschen Algorithmus, einschließlic

$K_{b.1}$	$K_{b.2}$	$K_{b.3}$	$K_{b.4}$	$K_{b.5}$	$K_{b.6}$	$K_{b.7}$	$K_{b.8}$	$K_{b.9}$	$K_{b.10}$	$K_{b.11}$	$K_{b.12}$	$K_{b.13}$	$K_{b.14}$	$K_{b.15}$	$K_{b.16}$	$K_{b.1}$
+8	—2	0	0	0	0	0	0	0	0	0	0	0	—2	0	+ 0,0381	— 2,0
—1	+0,2500	0	0	0	0	0	0	0	0	0	0	0	+0,2500	0	— 0,0048	+ 0,2
—0,0517	+6	—2	0	0	0	0	—2	0	0	0	0	0	0	0	— 0,7859	+ 0,9
	+5,5000	—2	0	0	0	0	—2	0	0	0	0	0	—0,5000	0	— 0,7764	+ 0,4
+0,0391	—1	+0,3636	0	0	0	0	+0,3636	0	0	0	0	0	+0,0909	0	+ 0,1412	— 0,0
	—0,1036	+6	—2	0	0	0	0	0	0	0	0	0	0	—2	+ 1,6455	— 0,4
		+5,2728	—2	0	0	0	—0,7272	0	0	0	0	0	—0,1818	—2	+ 1,3632	— 0,2
	+0,0525	—1	+0,3793	0	0	0	+0,1379	0	0	0	0	0	+0,0345	+0,3793	— 0,2585	+ 0,0
		+0,0518	+6	—2	0	0	0	0	0	0	0	0	0	0	+ 2,1497	0
			+5,2414	—2	0	0	—0,2758	0	0	0	0	0	—0,0690	—0,7586	+ 2,6668	— 0,1
		+0,1546	—1	+0,3816	0	0	+0,0526	0	0	0	0	0	+0,0132	+0,1447	— 0,5088	+ 0,0
			—0,0670	+6	—2	0	0	0	0	0	0	0	0	0	— 2,0691	0
				+5,2368	—2	0	—0,1052	0	0	0	0	0	—0,0263	—0,2895	— 1,0514	— 0,0
			—0,0146	—1	+0,3819	0	+0,0201	0	0	0	0	0	+0,0050	+0,0553	+ 0,2008	+ 0,0
				—0,0149	+6	—2	—2	0	0	0	0	0	0	0	— 1,5681	+ 0,0
					+5,2362	—2	—2,0402	0	0	0	0	0	—0,0100	—0,1106	— 1,9696	+ 0,0
				+0,0228	—1	+0,3820	+0,3896	0	0	0	0	0	+0,0019	+0,0211	+ 0,3762	— 0,0
					—0,2998	+8	0	—2	0	0	0	0	0	0	+ 1,0745	0
						+7,2360	—0,7794	—2	0	0	0	0	—0,0038	—0,0422	+ ,3221	+ 0,0
					—0,2373	—1	+0,1077	+0,2764	0	0	0	0	+0,0005	+0,0058	— 0,0445	— 0,0
						—0,1087	+6	0	0	0	—2	0	0	0	+ 1,0389	— 0,5
							+4,2771	—0,2154	0	0	—2	0	—0,2153	—0,3692	+ 0,3311	— 0,4
						—0,0625	—1	+0,0504	0	0	+0,4676	0	+0,0503	+0,0863	— 0,0774	+ 0,0
							—0,3065	+6	—2	0	0	0	0	0	0	0
								+5,4363	—2	0	—0,1008	0	—0,0119	—0,0303	+ 0,1057	— 0,0
							—0,1771	—1	+0,3679	0	+0,0185	0	+0,0022	+0,0056	— 0,0194	+ 0,0
								—0,0687	+6	—2	0	0	0	0	0	0
									+5,2642	—2	—0,0371	0	—0,0044	—0,0111	+ 0,0389	— 0,0
								—0,0506	—1	+0,3799	+0,0070	0	+0,0008	+0,0021	— 0,0074	+ 0,0
									—0,0098	+6	—2	0	0	0	0	+ 0,2
										+5,2402	—2,0141	0	—0,0017	—0,0042	+ 0,0148	+ 0,2
									—0,0068	—1	+0,3844	0	+0,0003	+0,0008	— 0,0028	— 0,0
										—0,0193	+6	—2	0	0	— 0,2639	— 1,0
											+4,2885	—2	—0,1016	—0,1749	— 0,1012	— 1,1
										+0,0042	—1	+0,4664	+0,0237	+0,0408	+ 0,0236	+ 0,2
											—0,1397	+6	—2	0	0	+ 2,90
												+5,0672	—2,0474	—0,0816	— 0,0472	+ 2,37
											—0,1048	—1	+0,4040	+0,0161	+ 0,0093	— 0,46
												—0,0652	+8	0	0	— 2,14
													+6,6068	—0,1365	+ 0,0078	— 1,70
												—0,0410	—1	+0,0207	— 0,0012	+ 0,25
													—0,0093	+8	— 0,9746	0
														+7,0697	— 0,1450	— 0,20
													+0,0639	—1	+ 0,0205	+ 0,02
														—0,0465	+19,6504	— 4,86
															+16,8311	— 4.63
														+0,0857	— 1	+ 0,27
															+ 0,0353	+19,98
																+16,23
															+ 0,0243	— 1
																+ 0,03
																+ 0,07

Für die Summe $[v'v'p]$ erhielten wir auf den drei verschiedenen Rechenwegen

1. $-[0 \cdot 18] = 0{,}9559$
2. $-[w^b K_b'] = 0{,}9559$
3. $[v'v'p] = 0{,}9559$

ng des Systems von Gewichtskoeffizienten $\frac{1}{p_{(b\cdot k)(b\cdot k')}}$

K_A	K_B	K_C	K_D	K_E	K_F	K_G	K_H	K_I	K_K	K_L	K_M	K_N	$-w^b$	$s-w^b$	Σ
0	0	—2	+2	0	0	+0,0381	+4,5811	+2,6241	+ 2	0	0	0	+0,2510	+11,5288	+11,5289
0	0	+0,2500	—0,2500	0	0	—0,0048	—0,5726	—0,3280	— 0,2500	0	0	0	—0,0314	— 1,4411	— 1,4412
0	0	0	0	0	0	—0,7228	—2,7064	—1,6239	0	0	0	—0,4177	—0,0230	— 5,0735	— 5,0735
0	0	—0,5000	+0,5000	0	0	—0,7133	—1,5611	—0,9679	+ 0,5000	0	0	—0,4177	+0,0398	— 2,1913	— 2,1913
0	0	+0,0909	—0,0909	0	0	+0,1297	+0,2838	+0,1760	— 0,0909	0	0	+0,0759	—0,0072	+ 0,3984	+ 0,3984
0	0	0	0	0	0	+0,9093	+0,4670	+0,4670	0	0	0	0	—0,7880	+ 2,2338	+ 2,2338
0	0	—0,1818	+0,1818	0	0	+0,6499	—0,1006	+0,1151	+ 0,1818	0	0	—0,1519	—0,7735	+ 1,4370	+ 1,4373
0	0	+0,0345	—0,0345	0	0	—0,1233	+0,0191	—0,0218	— 0,0345	0	0	+0,0288	+0,1467	— 0,2725	— 0,2726
0	0	0	0	0	0	—0,4938	0	0	0	0	0	0	+0,4000	+ 4,0559	+ 4,0559
0	0	—0,0690	+0,0690	0	0	—0,2473	—0,0382	+0,0437	+ 0,0690	0	0	—0,0576	+0,1066	+ 4,6010	+ 4,6011
0	0	+0,0132	—0,0132	0	0	+0,0472	+0,0073	—0,0083	— 0,0132	0	0	+0,0110	—0,0203	— 0,8778	— 0,8777
0	0	0	0	0	0	0	0	0	0	0	0	—0,4061	—0,5220	— 1,4033	— 1,4033
0	0	—0,0263	+0,0263	0	0	—0,0944	—0,0146	+0,0167	+ 0,0263	0	0	—0,4281	—0,4813	+ 0,3524	+ 0,3525
0	0	+0,0050	—0,0050	0	0	+0,0180	+0,0028	—0,0032	— 0,0050	0	0	+0,0817	+0,0919	— 0,0673	— 0,0673
0	0	0	0	0	0	0	0	0	0	0	0	+1,3332	+0,9820	+ 0,8715	+ 0,8715
0	0	—0,0100	+0,0100	0	0	—0,0361	—0,0056	+0,0064	+ 0,0100	0	0	+1,1697	+0,7982	+ 1,0061	+ 1,0061
0	0	+0,0019	—0,0019	0	0	+0,0069	+0,0011	—0,0012	— 0,0019	0	0	—0,2234	—0,1524	— 0,1921	— 0,1920
0	0	0	0	0	0	0	0	0	+ 1	+2	—2	—1,0446	—0,2530	+ 7,6388	+ 7,6388
0	0	—0,0038	+0,0038	0	0	—0,0138	—0,0021	+0,0024	+ 1,0038	+2	—2	—0,5978	+0,0519	+ 8,0231	+ 8,0228
0	0	+0,0005	—0,0005	0	0	+0,0019	+0,0003	—0,0003	— 0,1387	—0,2764	+0,2764	+0,0826	—0,0072	— 1,1088	— 1,1088
0	0	0	0	0	0	—0,7267	—0,2978	—0,2978	+2	0	0	—1,0972	+0,8430	+ 0,0196	+ 0,0196
0	0	—0,2153	+0,2153	0	0	—0,9269	—0,8840	—0,6285	+ 2,3230	+0,2154	—0,2154	—0,8903	+1,0633	+ 0,9262	+ 0,9265
0	0	+0,0503	—0,0503	0	0	+0,2167	+0,2067	+0,1469	— 0,5431	—0,0504	+0,0504	+0,2082	—0,2486	— 0,2165	— 0,2166
0	0	0	0	0	0	0	0	0	—1	0	0	+0,3491	+0,5790	— 1,4018	— 1,4018
0	0	—0,0119	+0,0119	0	0	—0,0505	—0,0451	—0,0310	— 0,6055	+0,5637	—0,5637	+0,1390	+0,6469	+ 0,8625	+ 0,8621
0	0	+0,0022	—0,0022	0	0	+0,0093	+0,0083	+0,0057	+ 0,1114	—0,1037	+0,1037	—0,0256	—0,1190	— 0,1587	— 0,1586
0	0	0	0	0	0	0	0	0	0	0	0	0	—0,4500	+ 4,2966	+ 4,2966
0	0	—0,0044	+0,0044	0	0	—0,0186	—0,0166	—0,0114	— 0,2228	+0,2074	—0,2074	+0,0511	—0,2120	+ 4,6139	+ 4,6136
0	0	+0,0008	—0,0008	0	0	+0,0035	+0,0032	+0,0022	+ 0,0423	—0,0394	+0,0394	—0,0097	+0,0403	— 0,8765	— 0,8765
0	0	0	0	0	0	0	0	0	0	0	0	0	+0,1880	— 0,7238	— 0,7238
0	0	—0,0017	+0,0017	0	0	—0,0071	—0,0063	—0,0043	— 0,0846	+0,0788	—0,0788	+0,0194	+0,1075	+ 1,0290	+ 1,0291
0	0	+0,0003	—0,0003	0	0	+0,0014	+0,0012	+0,0008	+ 0,0161	—0,0150	+0,0150	—0,0037	—0,0205	— 0,1964	— 0,1964
0	0	0	0	0	0	0	0	0	— 2	0	0	+0,2639	—0,1890	— 0,8384	— 0,8384
0	0	—0,1016	+0,1016	0	0	—0,4372	—0,4167	—0,2962	— 0,9590	+0,1429	—0,1429	—0,1420	+0,3600	+ 0,0385	+ 0,0387
0	0	+0,0237	—0,0237	0	0	+0,1019	+0,0972	+0,0691	+ 0,2236	—0,0333	+0,0333	+0,0331	—0,0839	— 0,0090	— 0,0089
0	0	0	0	0	0	0	0	—0,1863	0	0	0	0	+0,1020	+ 3,9730	+ 3,9730
0	0	—0,0474	+0,0474	0	0	—0,2039	—0,1943	—0,3244	— 0,4473	+0,0666	—0,0666	—0,0662	+0,2699	+ 3,9910	+ 3,9910
0	0	+0,0094	—0,0094	0	0	+0,0402	+0,0383	+0,0640	+ 0,0883	—0,0131	+0,0131	+0,0131	—0,0533	— 0,7876	— 0,7878
0	0	0	0	—2	+2	0	—1,8629	—0,0136	— 4	0	0	0	—0,0900	— 4,1141	— 4,1140
0	0	—0,5852	+0,5852	—2	+2	—0,1762	—0,9965	+0,3893	— 3,5348	+0,0436	—0,0436	—0,1187	+0,1226	+ 0,3527	+ 0,3535
0	0	+0,0886	—0,0886	+0,3027	—0,3027	+0,0267	+0,1508	—0,0589	+ 0,5350	—0,0066	+0,0066	+0,0180	—0,0186	— 0,0534	— 0,0535
2	+2	0	0	0	0	+1,4843	0	0	0	0	0	0	+0,5100	+ 7,0197	+ 7,0197
2	+2	—0,1163	+0,1163	—0,0414	+0,0414	+1,5839	—0,1620	—0,0126	+ 0,1635	+0,0416	—0,0416	—0,1537	+0,3392	+ 8,4862	+ 8,4861
,2829	—0,2829	+0,0164	—0,0164	+0,0059	—0,0059	—0,2240	+0,0229	+0,0018	— 0,0231	—0,0059	+0,0059	+0,0217	—0,0480	— 1,2004	— 1,2003
0	0	0	0	0	0	+3,7306	+0,7441	+2,5597	+ 0,2639	0	0	—2,4860	—0,5604	+18,1333	+18,1334
,0410	+0,0410	+0,0246	—0,0246	+0,0016	—0,0016	+3,6490	+0,5978	+2,4027	+ 0,0218	—0,1136	+0,1136	—2,0369	—0,2847	+15,2344	+15,2345
,0024	—0,0024	—0,0015	+0,0015	—0,0001	+0,0001	—0,2168	—0,0355	—0,1428	— 0,0013	+0,0067	—0,0067	+0,1210	+0,0169	— 0,9051	— 0,9052
0	0	+1,3798	—0,1810	+2,2052	+0,5914	—1,5049	—1,9934	—4,2653	+ 1,7583	0	0	+1,0886	+0,1092	+ 6,5565	+ 6,5565
,0705	+0,0705	+0,7371	+0,4617	+1,6884	+1,1082	—0,5072	—0,9203	—2,7430	+ 1,5059	+0,0061	—0,0061	+0,4204	+0,1535	+12,5354	+12,5355
,0043	—0,0043	—0,0454	—0,0284	—0,1040	—0,0683	+0,0312	+0,0567	+0,1689	— 0,0927	—0,0004	+0,0004	—0,0259	—0,0095	— 0,7720	— 0,7721
0	0	0	0	0	0	—0,3035	+0,1937	+0,1937	+ 0,5517	+2,7387	+1,0194	+2,4192	—2,4887	+20,3179	+20,3179
,0241	+0,0241	+0,2642	+0,1498	+0,5512	+0,4145	—0,2099	—0,0528	—0,5507	+ 0,8680	+2,1720	+1,5861	+2,6210	—2,0152	+22,4131	+22,4122
,0014	—0,0014	—0,0159	—0,0090	—0,0332	—0,0249	+0,0126	+0,0032	+0,0331	— 0,0522	—0,1307	—0,0955	—0,1578	+0,1213	— 1,3490	— 1,3490
2	0	0	0	0	0	+0,2365	0	0	0	0	0	0	0	+ 0,2365	+ 0,2365
,4338	+0,5662	—0,0293	+0,0350	—0,0037	+0,0171	+0,6909	—0,0484	—0,0104	+ 0,0540	+0,0146	—0,0093	—0,0429	+0,0931	+ 2,7591	+ 2,7607
	+2	0	0	0	0	0	0	0	0	0	0	0	0	+ 4,0000	+ 4,0000
	+1,4338	+0,0293	—0,0350	+0,0037	—0,0171	—0,4544	+0,0484	+0,0104	— 0,0540	—0,0146	+0,0093	+0,0429	—0,0931	+ 1,4774	+ 1,4758
		+2	0	0	0	0	0	—1,3798	0	0	0	0	0	0	0
		+1,3420	+0,5969	—0,2633	+0,1210	—0,0645	+0,8938	—0,6849	+ 0,2490	—0,0128	—0,0469	—0,1633	+0,1480	+ 2,1140	+ 2,1150
			+2	0	0	0	+0 1810	+0,1810	0	0	0	0	0	+ 4,1809	+ 4,1810
			+1,3652	+0,1250	—0,2131	+0,1071	—0,6436	—0,2977	— 0,3817	—0,0417	+0,0079	+0,0671	—0,1091	+ 0,5837	+ 0,5823
				+2	0	0	0	0	+ 2	0	0	0	0	+ 4,2051	+ 4,2052
				+1,2005	+0,4766	+0,0154	—0,2052	+0,4211	+ 0,7455	—0,0593	—0,0655	—0,1674	+0,0901	+ 2,3126	+ 2,3135
					+2	0	0	—0,5914	0	0	0	0	0	+ 4,0000	+ 4,0000
					+1,3083	+0,0842	+0,3668	—0,5079	+ 0,9446	—0,0680	—0,0256	—0,0573	+0,0006	+ 2,4304	+ 2,4302
						+5,9381	+0,7973	+2,6129	0	0	0	+0,8045	0	+12,7997	+12,7999
						+4,3284	+0,1915	+1,6830	+ 0,3419	+0,1177	—0,0703	+1,0760	+0,3531	+ 8,3985	+ 8,4000
							+8,7626	+2,1531	+ 1,8629	0	0	+1,1080	0	+13,9903	+13,9903
							+5,2355	+0,0228	+ 0,7860	+0,0858	—0,0738	+0,8701	+0,1617	+ 7,6929	+ 7,6914
								+5,6900	— 0,3915	0	0	+1,1080	0	+ 8,8398	+ 8,8399
								+3,6747	— 0,2336	+0,1355	—0,0110	+1,3498	+0,1361	+ 5,6866	+ 5,6879
									+12,8826	0	0	—0,1033	0	+16,8245	+16,8246
									+ 8,5170	—0,3754	+0,1791	+0,2541	—0,3066	+10,7214	+10,7199
										+2	0	0	0	+ 6,7387	+ 6,7387
										+1,0777	+0,4311	—0,1557	+0,1148	+ 1,2495	+ 1,2497
											+2	+1,0194	0	+ 2,0387	+ 2,0388
											+1,2101	+0,5822	+0,3410	+ 2,4581	+ 2,4583
												+3,9188	0	+ 7,8576	+ 7,8578
												+2,6650	+0,2796	+ 6,5982	+ 6,6002

Tafel 9

Bedingungsgleichungen/Korrelatengleichungen

p	v	$K_{c\cdot1}$	$K_{c\cdot2}$	$K_{c\cdot3}$	$K_{c\cdot4}$	$K_{c\cdot5}$	$K_{c\cdot6}$	$K_{c\cdot7}$	$K_{c\cdot8}$	$K_{c\cdot9}$	$K_{c\cdot10}$	K_H	K_I	K_K	v'	v
0,5	86	—1										—1		— 0,7484	— 0,134	+ 0,031
1	87	+1												+ 0,7484	+ 0,067	+ 0,104
1	105		—1								— 0,5495				+ 0,080	+ 0,070
1	106	—1	+1								+ 0,5495				— 0,147	— 0,157
0,5	107	+1											—1		+ 0,134	+ 0,236
1	110	—1												+ 0,3565	— 0,067	— 0,079
1	111	+1	—1											— 0,3565	+ 0,175	+ 0,180
1	112		+1	—1											— 0,142	— 0,137
1	113			+1	—1						— 0,9827				— 0,085	— 0,088
1	114				+1						+ 0,9827				+ 0,119	+ 0,124
1	115			—1							— 0,8308				— 0,077	— 0,083
1	116		—1	+1							+ 1,5381				+ 0,221	+ 0,224
1	117		+1								— 0,7073				— 0,144	— 0,141
1	118						—1				— 1,1620				+ 0,255	+ 0,252
1	119					—1	+1				+ 1,1620				— 0,203	— 0,202
1	120				—1	+1									— 0,120	— 0,119
1	121			—1	+1						+ 0,3949				+ 0,055	+ 0,055
1	122			+1							— 0,3949				+ 0,013	+ 0,014
1	123				—1						+ 0,9224				— 0,020	— 0,017
1	124				+1	—1					— 0,7089				+ 0,084	+ 0,079
1	125					+1					+ 0,2135				— 0,063	— 0,062
1	126					—1					+ 1,0506				+ 0,106	+ 0,109
1	127					+1	—1				— 1,0506				+ 0,209	+ 0,208
1	128						+1	—1			— 0,0761				— 0,054	— 0,057
1	129							+1			+ 0,0761				— 0,261	— 0,260
1	130								—1		— 0,1781				+ 0,056	+ 0,055
1	131							—1	+1		+ 0,1781				+ 0,209	+ 0,209
1	132						—1	+1			+ 0,1158				+ 0,056	+ 0,059
1	133						+1				— 0,1158				— 0,321	— 0,323
1	134							—1			+ 0,7164				+ 0,302	+ 0,305
1	135							+1	—1		— 0,7164				— 0,236	— 0,239
1	136								+1	—1					— 0,030	— 0,030
1	137									+1					— 0,035	— 0,036
1	138									—1					+ 0,035	+ 0,036
1	139								—1	+1	+ 0,5193				+ 0,057	+ 0,059
1	140								+1		— 0,5193				— 0,092	— 0,094
1	141									—1					+ 0,035	+ 0,036
1	142									+1					— 0,035	— 0,036
7,541	143										+ 4,0460			— 4,0460	+ 0,028	+ 0,018

Tafel 10

Normalgleichungen und deren Reduktion nach dem „modernisierten“ Gaußschen Algorithmus, einschließlich der Bildung des Systems von Gewichtskoeffizienten $\frac{1}{p(c.k)\,(c.}$

$K_{c\cdot 1}$	$K_{c\cdot 2}$	$K_{c\cdot 3}$	$K_{c\cdot 4}$	$K_{c\cdot 5}$	$K_{c\cdot 6}$	$K_{c\cdot 7}$	$K_{c\cdot 8}$
+ 8	— 2	0	0	0	0	0	0
— 1	+ 0,2500	0	0	0	0	0	0
+ 0,0672	+ 6	— 2	0	0	0	0	0
	+ 5,5000	— 2	0	0	0	0	0
+ 0,0873	— 1	+ 0,3636	0	0	0	0	0
	— 0,1080	+ 6	— 2	0	0	0	0
		+ 5,2728	— 2	0	0	0	0
	— 0,1010	— 1	+ 0,3793	0	0	0	0
		+ 0,0338	+ 6	— 2	0	0	0
			+ 5,2414	— 2	0	0	0
		+ 0,0359	— 1	+ 0,3816	0	0	0
			+ 0,0681	+ 6	— 2	0	0
				+ 5,2368	— 2	0	0
			+ 0,0690	— 1	+ 0,3819	0	0
				— 0,0520	+ 6	— 2	0
					+ 5,2362	— 2	0
				— 0,0500	— 1	+ 0,3820	0
					— 0,3154	+ 6	— 2
						+ 5,2360	— 2
					— 0,3169	— 1	+ 0,38
						— 0,2649	+ 6
							+ 5,23
						— 0,2643	— 1
							— 0,06
							— 0,06

1. $-[0 \cdot 10] = 0{,}7879$

2. $-[u^c K_c'] = 0{,}7880$

3. $[v'v'p] = 0{,}7882$

$_{c\text{-}9}$	$K_{c\text{-}10}$	K_H	K_I	K_K	$-w^c$	$S-w^c$	Σ
	— 0,5495 + 0,0687	+ 2 —0,2500	—2 + 0,2500	+ 1,5322 — 0,1915	— 0,7260 + 0,0907	+ 6,2566 — 0,7820	+ 6,2567 — 0,7821
	— 1,1464 — 1,2838 + 0,2334	0 + 0,5000 — 0,0909	0 — 0,5000 + 0,0909	+ 0,3565 + 0,7396 — 0,1345	+ 0,9090 + 0,7275 — 0,1323	+ 2,1191 + 3,6834 — 0,6698	+ 2,1191 + 3,6833 — 0,6698
	+ 0,5964 + 0,1296 — 0,0246	0 + 0,1818 — 0,0345	0 — 0,1818 + 0,0345	0 + 0,2689 — 0,0510	— 0,3130 — 0,0485 + 0,0092	+ 2,2834 + 3,6226 — 0,6870	+ 2,2834 + 3,6228 — 0,6871
	+ 0,7290 + 0,7782 — 0,1485	0 + 0,0690 — 0,0132	0 — 0,0690 + 0,0132	0 + 0,1020 — 0,0195	— 0,4830 — 0,5014 + 0,0957	+ 2,2461 + 3,6202 — 0,6908	+ 2,2460 + 3,6202 — 0,6907
	— 2,7678 — 2,4708 + 0,4718	0 + 0,0263 — 0,0050	0 — 0,0263 + 0,0050	0 + 0,0389 — 0,0074	— 0,0400 — 0,2313 + 0,0442	— 0,8080 + 0,5734 — 0,1094	— 0,8080 + 0,5736 — 0,1095
	+ 3,0669 + 2,1233 — 0,4055	0 + 0,0100 — 0,0019	0 — 0,0100 + 0,0019	0 + 0,0149 — 0,0028	+ 1,1000 + 1,0117 — 0,1932	+ 6,1669 + 6,3860 — 1,2195	+ 6,1669 + 6,3861 — 1,2195
	— 1,3429 — 0,5318 + 0,1016	0 + 0,0038 — 0,0007	0 — 0,0038 + 0,0007	0 + 0,0057 — 0,0011	+ 0,8970 + 1,2835 — 0,2451	+ 1,5541 + 3,9936 — 0,7627	+ 1,5541 + 3,9934 — 0,7626
  3820	+ 0,0340 — 0,1691 + 0,0323	0 + 0,0015 — 0,0003	0 — 0,0015 + 0,0003	0 + 0,0022 — 0,0004	— 0,2100 + 0,2803 — 0,0535	+ 1,8240 + 3,3496 — 0,6397	+ 1,8240 + 3,3494 — 0,6396
 2360	+ 0,5193 + 0,4547 — 0,0868	0 + 0,0006 — 0,0001	0 — 0,0006 + 0,0001	0 + 0,0008 — 0,0002	+ 0,0540 + 0,1611 — 0,0308	+ 4,5733 + 5,8528 — 1,1179	+ 4,5733 + 5,8526 — 1,1178
9353 0357	+ 16,5495 + 13,9677 — 1	0 + 0,2482 — 0,0178	0 — 0,2482 + 0,0178	— 2,1715 — 1,9024 + 0,1362	— 0,5224 — 0,7208 + 0,0516	+ 12,9946 + 11,3445 — 0,8122	+ 12,9946 + 11,3445 — 0,8122
	+ 0,0516 + 0,0563	+ 2 + 1,4428	0 + 0,5572	+ 1,4968 + 1,0695	0 + 0,1347	+ 5,4968 + 3,2037	+ 5,4968 + 3,2042
			+ 2 + 1,4428	0 + 0,4273	0 — 0,1347	0 + 2,2931	0 + 2,2926
				+ 4,1060 + 3,4373	0 — 0,0474	+ 5,3200 + 4,8872	+ 5,3200 + 4,8867

Tafel 11

Bedingungsgleichungen

$\Delta \Phi a.1$	$\Delta \Phi a.2$	$\Delta \Phi a.3$	$\Delta \Phi a.4$	$\Delta \Phi a.5$	$\Delta \Phi a.6$	$\Delta \Phi a.7$	$\Delta \Phi a.8$	$\Delta \Phi a.9$	$\Delta \Phi a.10$	$\Delta \Phi b.1$	$\Delta \Phi b.2$	$\Delta \Phi b.3$	$\Delta \Phi b.4$
+ 1										+ 1			
	+ 1										+ 1		
		+ 1										+ 1	
			+ 1										+ 1
				+ 1									
					+ 1								
						+ 1							
							+ 1						
								+ 1					
									+ 1				

r Hauptausgleichung

$\Phi b.5$	$\Delta \Phi b.6$	$\Delta \Phi b.7$	$\Delta \Phi b.8$	$\Delta \Phi b.9$	$\Delta \Phi b.10$	$\Delta \Phi b.11$	$\Delta \Phi b.12$	$\Delta \Phi b.13$	$\Delta \Phi c.1$	$\Delta \Phi c.2$	$\Delta \Phi c.3$	$- W$
												$(\Phi a.1)' + (\Phi b.1)'$
												$(\Phi a.2)' + (\Phi b.2)'$
												$(\Phi a.3)' + (\Phi b.3)'$
												$(\Phi a.4)' + (\Phi b.4)'$
+ 1												$(\Phi a.5)' + (\Phi b.5)'$
	+ 1											$(\Phi a.6)' + (\Phi b.6)'$
		+ 1										$(\Phi a.7)' + (\Phi b.7)'$
			+ 1									$(\Phi a.8)' + (\Phi b.8)'$
				+ 1								$(\Phi a.9)' + (\Phi b.9)'$
					+ 1							$(\Phi a.10)' + (\Phi b.10)'$
						+ 1			+ 1			$(\Phi b.11)' + (\Phi c.1)'$
							+ 1			+ 1		$(\Phi b.12)' + (\Phi c.2)'$
								+ 1			+ 1	$(\Phi b.13)' + (\Phi c.3)'$

Tafel 12

Hauptausgleichung

K_A	K_B	K_C	K_D	K_E	K_F	K_G	K
+ 2,6842 — 1	+ 1,1282 — 0,4203	— 0,1556 + 0,0580	+ 0,0981 — 0,0365	— 0,0113 + 0,0042	+ 0,0247 — 0,0092	— 0,2547 + 0,0949	+ 0,0 — 0,0
+ 0,2514	+ 2,7476 + 2,2734 — 1	+ 0,0776 + 0,1430 — 0,0629	— 0,1394 — 0,1806 + 0,0794	+ 0,0185 + 0,0232 — 0,0102	— 0,0319 — 0,0423 + 0,0186	— 0,2498 — 0,1427 + 0,0628	+ 0,2 + 0,1 — 0,0
	— 0,1941	+ 2,4530 + 2,4350 — 1	+ 1,1114 + 1,1284 — 0,4634	— 0,3118 — 0,3139 + 0,1289	+ 0,1695 + 0,1736 — 0,0713	— 0,3928 — 0,3986 + 0,1637	— 0,0 — 0,1 + 0,0
		+ 0,1496	+ 2,6498 + 2,1090 — 1	+ 0,2075 + 0,3552 — 0,1684	— 0,2956 — 0,3803 + 0,1803	— 0,2691 — 0,0864 + 0,0410	— 0,6 — 0,5 + 0,2
			— 0,1446	+ 2,6377 + 2,5371 — 1	+1, 0394 + 1,1264 — 0,4440	+ 0,1151 + 0,0787 — 0,0310	— 0,0 — 0,0 + 0,0
				+ 0,0890	+ 2,7455 + 2,1634 — 1	— 0,0155 — 0,0379 + 0,0175	+ 0,2 + 0,1 — 0,0
					— 0,1411	+ 8,5434 + 8,4384 — 1	+ 1,9 + 1,9 — 0,2
						+ 0,0189	+ 9,2 + 8,6 — 1
							+ 0,0

1. — [0 · 13] = 0,4438

2. — [*WK*] = 0,4438

	K_K	K_L	K_M	K_N	$-W$	$s-W$	Σ
0583	+ 0,1367	+ 0,0146	— 0,0093	— 0,0429	— 0,4100	+ 3,3568	+ 3,3568
0217	— 0,0509	— 0,0054	+ 0,0035	+ 0,0160	+ 0,1527	— 1,2506	— 1,2504
0044	— 0,1302	— 0,0146	+ 0,0093	+ 0,0429	+ 0,2000	+ 3,8700	+ 3,8700
0201	— 0,1877	— 0,0207	+ 0,0132	+ 0,0609	+ 0,3723	+ 2,4591	+ 2,4590
0088	+ 0,0826	+ 0,0091	— 0,0058	— 0,0268	— 0,1638	— 1,0817	— 1,0817
3747	+ 0,3414	— 0,0128	— 0,0469	— 0,1633	— 0,0110	+ 2,5859	+ 2,5859
3701	+ 0,3611	— 0,0107	— 0,0483	— 0,1696	— 0,0582	+ 2,6259	+ 2,6256
1520	— 0,1483	+ 0,0044	+ 0,0198	+ 0,0696	+ 0,0239	— 1,0784	— 1,0784
2756	— 0,8254	— 0,0417	+ 0,0079	+ 0,0671	+ 0,1120	+ 1,8017	+ 1,8017
1078	— 1,0126	— 0,0389	+ 0,0317	+ 0,1521	+ 0,1835	+ 0,6576	+ 0,6577
0511	+ 0,4801	+ 0,0184	— 0,0150	— 0,0721	— 0,0870	— 0,3118	— 0,3119
1444	+ 2,0256	— 0,0593	— 0,0655	— 0,1674	— 0,0640	+ 6,4209	+ 6,4209
1153	+ 2,2452	— 0,0539	— 0,0772	— 0,2157	— 0,1079	+ 6,6377	+ 6,6377
4396	— 0,8849	+ 0,0212	+ 0,0304	+ 0,0850	+ 0,0425	— 2,6163	— 2,6163
9502	+ 1,6645	— 0,0680	— 0,0256	— 0,0573	+ 0,1550	+ 6,5045	+ 6,5045
4610	+ 0,4546	— 0,0508	+ 0,0182	+ 0,0795	+ 0,2508	+ 3,5036	+ 3,5038
2131	— 0,2101	+ 0,0235	— 0,0084	— 0,0367	— 0,1159	— 1,6195	— 1,6195
5382	+ 0,1965	+ 0,1177	— 0,0703	+ 1,0760	— 0,4274	+11,8466	+11,8466
4510	+ 0,1536	+ 0,1152	— 0,0742	+ 1,0623	— 0,4372	+12,6320	+12,6319
1720	— 0,0182	— 0,0137	+ 0,0088	— 0,1259	+ 0,0518	— 1,4970	— 1,4971
2214	+ 0,8180	+ 0,0858	— 0,0738	+ 0,8701	— 0,2185	+12,2250	+12,2250
3269	+ 0,5187	+ 0,0536	— 0,0530	+ 0,6504	— 0,1060	+ 9,0873	+ 9,0877
9725	— 0,0600	— 0,0062	+ 0,0061	— 0,0752	+ 0,0123	— 1,0504	— 1,0505
4213	+ 0,9710	+ 0,1355	— 0,0110	+ 1,3498	— 1,0924	+11,5980	+11,5980
4745	— 0,1032	+ 0,1500	+ 0,0226	+ 1,2756	— 1,0182	+ 6,8011	+ 6,8013
	+ 0,0159	— 0,0232	— 0,0035	— 0,1970	+ 0,1573	— 1,0504	— 1,0505
	+15,5291	— 0,3754	+ 0,1791	+ 0,2541	+ 0,5490	+21,3340	+21,3340
	+12,8491	— 0,3395	+ 0,2724	+ 0,4956	+ 0,7383	+14,0157	+14,0159
1547	— 1	+ 0,0264	— 0,0212	— 0,0386	— 0,0575	— 1,0908	— 1,0909
		+ 2,5205	+ 0,9883	+ 0,9138	+ 0,2490	+ 4,4534	+ 4,4534
		+ 2,5028	+ 0,9956	+ 0,8788	+ 0,3111	+ 4,6872	+ 4,6883
	— 0,0609	— 1	— 0,3978	— 0,3511	— 0,1243	— 1,8728	— 1,8732
			+ 2,6529	+ 1,0095	+ 0,2070	+ 4,7516	+ 4,7516
			+ 2,2462	+ 0,6449	+ 0,0538	+ 2,9447	+ 2,9449
		— 0,1202	— 1	— 0,2871	— 0,0240	— 1,3110	— 1,3111
				+ 6,1023	— 0,1757	+11,0790	+11,0790
				+ 5,1092	— 0,1175	+ 4,9921	+ 4,9917
			— 0,0306	— 1	+ 0,0230	— 0,9771	— 0,9770
				+ 0,0230			

Tafel 13

Kolibri 360 GmbH
Ferdinand-Jühlke-Straße 7
99095 Erfurt, Deutschland
produktsicherheit@kolibri360.de